동양 최대 철새 도래지, 그 생태 보고서

주남 저수지

주남 저수지
동양 최대 철새 도래지, 그 생태 보고서

2007년 1월 10일 초판 1쇄 발행
글 강병국 사진 최종수

펴낸이 이원중 책임편집 이지혜 디자인 임소영 출력 경운출력 인쇄·제본 상지사

펴낸곳 지성사 출판등록일 1993년 12월 9일 등록번호 제10-916호
주소 (121-829) 서울시 마포구 상수동 337-4 전화 (02) 335-5494~5 팩스 (02) 335-5496
홈페이지 www.jisungsa.co.kr 이메일 jisungsa@hanmail.net
편집주간 김선정 지성사 편집팀 이지혜, 조현경 민연 편집팀 여미숙
디자인팀 임소영, 이유나 영업팀 권장규

ⓒ 강병국·최종수 2007

ISBN 978-89-7889-147-9 (03470)
잘못된 책은 바꾸어드립니다. 책값은 뒤표지에 있습니다.

후원 (재)한국환경민간단체진흥회 공익활동 지원사업

이 도서의 국립중앙도서관 출판시도서목록(CIP)은 e-CIP 홈페이지(http : //www.nl.go.kr/cip.php)에서
이용하실 수 있습니다.(CIP제어번호 : CIP2007000038)

동양 최대 철새 도래지, 그 생태 보고서

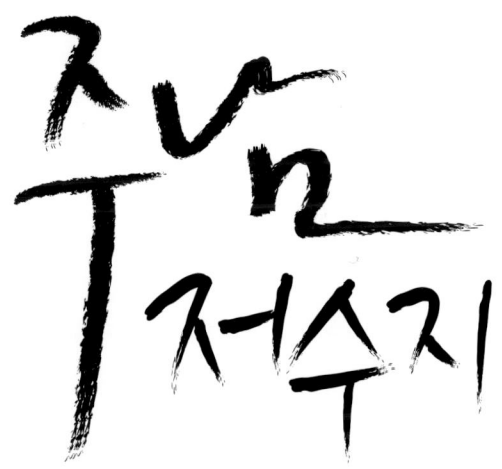
주남 저수지

글 **강병국** · 사진 **최종수**

지성사

:: 프롤로그

주남에 가 본 이도,
가보지 않은 이도 행복하리

낙동강 하구 - 주남저수지 - 우포늪은 생명을 잇는 골든트라이앵글(황금의 삼각주)입니다. 이 세 곳은 우리나라 남부 지방에서 월동하는 철새 대부분을 관찰할 수 있고, 생태학적으로도 매우 중요한 생명의 축이자 뭇 생명들의 보금자리입니다.

그중에서도 주남저수지는 겨울 철새가 하루에 6만여 마리나 날아들기도 했던 동양 최대의 내륙 철새 도래지입니다. 한겨울에 노을과 산자락과 수면이 한데 어우러진 가운데 가창오리 떼가 비상할 양이면 주남은 처절하리만큼 고혹적인 모습이 됩니다.

때로 그 지고지순함과 때 묻지 않은 태고의 신비함에 숙연해지기도 합니다. 그것은 마치 주남을 '새들의 땅(버드랜드)'으로 선포하는 거대한 의식과도 같습니다.

새 떼는 구름이 되기도 하고 때론 산이 옮겨 다니는 것처럼 보이기도 합니다.

헤아릴 수 없이 많은 생명들이 펼치는 향연은 자연이 인간들만의 것이 아니라 모든 생명체가 공유해야 할 공간이라는 것, 자연 앞에 인간이 겸허하고 순응해야 한다는 사실을 가르쳐 줍니다.

우리에게 따사로운 햇살과도 같이 부족함이 없는 자연은 그 마음이 봄비와 같아서 만물을 고루 적시고, 조화롭게 화해하며 살아가라고 타이릅니다. 하지만 사람들은 땅을 함부로 대하거나 물을 오염시키는 일을 예사롭게 여깁니다. 그것은 자연에 대한 공격 행위이며 일종의 범죄 행위입니다.

우리의 주남은 지금 아파하고 있습니다. 인근 축사에서 흘러나오는 폐수, 주변 아파트에서 대낮처럼 뿜어져 나오는 불빛, 곳곳에 들어선 공장의 소음과 공해, 과수원 등지에 치는 농약들로 인해 점차 옛 모습을 잃어가고 있습니다.

주남을 이대로 방치해 두는 것은 신음하는 자연을 애써 모른 체하는 것이고, 우리 후손들이 받을 피해를 외면하며 방관하는 것과 다르지 않습니다. 지금과 같은 무관심과 각종 오염 행위가 지속된다면 주남이 망가지는 데까지는 그리 오랜 시간이 걸리지 않을 것입니다.

그러나 아직까지 주남에 희망은 있습니다. 한여름 거대한 수면을 뒤덮는 수생식물은 한 폭의 동양화가 됩니다. 가시연과 순채, 그리고 자라풀이며 마름, 생이가래, 개구리밥, 물옥잠, 노랑어리연꽃 들이 자라나면 온통 초록의 융단이 수면 위로 깔립니다.

시들어 버린 감성을 흔들어 깨우는 이 생명체들은 도시 생활에 찌든 우리 영혼이 어떻게 정화되고 인간이 어떻게 자연과 하나가 될 수 있는지를 가르쳐 줍니다.

그래서 이 책에서는 180만 평 드넓은 수면 위로 펼쳐지는 주남의 역사와 동식물, 자연 풍경, 그곳에 사는 이들이 겪는 삶과 애환, 그리고 주남의 현재와 미래를 담아보려 했습니다. 수생식물 박람회장을 연상하게 하는 여름, 낙조와 물안개가 신비로움을 더해 주는 가을, 재두루미와 노랑부리저어새, 고니들이 한가로이 노니는 겨울, 물 가장자리의 왕버들과 수양버들 군락, 그리고 갈대숲에 물이 오르는 봄을 심어 보려 했습니다.

주남을 다녀간 이들은 행복할 것입니다. 그들은 주남의 내밀한 속살을 들여다보았기 때문입니다. 주남에 가보지 않은 이들 또한 행복할 것입니다. 그들에게는 주남에 가볼 수 있는 꿈이 있기 때문입니다.

2006년 11월
주남저수지 가월마을에서
강병국

차례

10 01 주남의 생성과 흐름
저수 기능에서 자연 생태계의 보고로

16 02 습지로서의 가치
뭇 생명들의 자리, 살아 있는 자연사박물관

24 03 람사협약과 람사총회
환경의 세기, 생태 살리기에 나서다

30 04 주남으로 날아든 새
수리도 가창오리도 춤추는 그곳

44 05 식물, 생명을 잇는 고리
초록의 융단, 수생식물 축제

60 06 곤충, 생태계의 균형자
가을밤 풀벌레 소리, 대자연의 하모니

74 07 꼬리 치는 물고기
바위 틈에, 갈대 속에 살랑살랑 꼬리를 흔들고…

82 08 포유류와 양서·파충류
들판을 가로지르는 고라니, 밤의 제왕 삵

90 09 인간의 환경 파괴
수수만년 이어가야 할 자연유산

96 10 멸종 위기에 처한 새
주남 통신의 보도, 여기는 철새들의 이동 통로

100 11 주남 사람들의 오관 대학
그들과 함께 호흡한 세월,
영원한 삶의 터전

106 12 주남으로 가는 길
기차로 버스로 승용차로…
그곳에 가고 싶다

110 13 미래를 보는 희망
한국의 이즈미로 꽃피우다

118 14 법적 장치의 필요성
람사습지 등록과 습지보호구역

122 15 주남 팔경
사계절 진풍경의 재발견

132 16 주남의 전설과 문화재
이야기는 또 다른 이야기를 낳고…

142 17 선진국의 습지 보전
올림픽 스타디움이 될 뻔한 호주 분달 습지

146 18 새로운 만남을 위한 기다림
위대한 비상을 위하여

154 19 주남, 시로 노래하다
영혼을 깨우고, 시를 그리고…

4 프롤로그 주남에 가본 이도, 가보지 않은 이도 행복하리

160 에필로그 뭇 생명들을 위한 성소(聖所)를 만들자

163 찾아보기

01

저수 기능에서
자연 생태계의
보고로

주남의 생성과 흐름 01

주남의 아름다운 풍광과 생태적인 가치를 전하기 전에, 우선 이곳이 어떻게 생겨났는지에 대해 소개해야겠군요. 주남저수지는 1920년 경상남도 창원시 동읍과 대산면에 걸친 몽리 면적 280여만 평(926.5헥타르)에 이르는 농지에 관개용수를 공급하고 홍수를 조절하기 위한 용도로 생성되었습니다. 당시만 해도 저수지 부근 저습지(低濕地)가 매년 홍수 때만 되면 물에 잠겨 농민들이 큰 피해를 입곤 했습니다. 그래서 1971년에는 침수 피해를 줄이기 위해 둑을 보강하고 준설 작업을 시행했습니다. 이로써 저수지 규모가 크게 확장되고 오늘날과 같은 모습을 드러냈습니다.

가시연과 자라풀이 물 위를 가득 채워 푸릇푸릇한 생기를 더해 줍니다.

창원시 동읍 석산리, 봉곡리, 신방리, 화양리, 금산리, 산남리, 다호리, 무점리, 월잠리와, 대산면 가술리 등 총 2개 읍면 10개 리에 걸쳐 있는 주남저수지는 남동쪽으로 금병산(해발 271.8미터), 남쪽으로 정병산(566.7미터), 남서쪽으로 구룡산(433.5미터), 북서쪽으로 백월

습지에는 무엇보다 갈대 군락이 무성합니다. 특히 주남저수지 가운데 있는 갈대 섬은 새들뿐 아니라 온갖 생물들에게 좋은 휴식처가 됩니다.

산(428미터)이 둘러싸고 있습니다.

현재 주남의 면적은 용산(주남)저수지 85만 5000평(285헥타르), 동판 저수지 72만 6000평(242헥타르), 산남 저수지 22만 5000평(75헥타르)을 합쳐 총 180만 6000평(602헥타르)에 달합니다. 이 세 저수지는 따로 떨어져 있지만 수로가 연결되어 있기 때문에 생태계 환경이 대부분 비슷합니다. 가월(加月)마을 주민들은 주남을 앞벌, 동판을 뒷벌이

01 하늘에서 본 주남저수지
02 주남과 낙동강을 잇는 주천강은 생명의 연결고리입니다.

가창오리의 군무, 하늘의 카드섹션

해질녘 주남의 하늘에 마치 카드섹션을 하거나 색종이를 뿌리는 듯한 가창오리 떼의 곡예를 보고 있노라면 '세상에 이처럼 신비스러운 것이 있을까' 하는 생각마저 듭니다.

수만 마리가 별안간 몸을 뒤집는 묘기와 소용돌이 속에서도 새들은 절대 서로 부딪히지 않습니다. 가창오리 떼의 비상은 천수만 등 일부 갯벌을 제외하면 내륙습지에서는 거의 유일하게 주남에서 볼 수 있는 풍경입니다. 새 떼가 구름처럼 주남의 하늘을 뒤덮어 공중 쇼를 벌이는 모습을 본 이들은 두고두고 잊지 못할 장관이라며 입을 모읍니다.

라고 부릅니다.

주남은 낙동강 하구와 우포늪의 중간 지점에 위치하고 있어 철새들이 이동하는 데 매우 중요한 통로가 됩니다. 토평천이 우포늪과 낙동강을 잇는 생명의 오작교라면, 주천강은 주남저수지와 낙동강을 잇는 연결고리입니다. 홍수가 일어나면 낙동강 물이 주천강을 통해서 주남까지 흘러들기 때문에 주남은 홍수를 막는 거대한 그릇 역할을 하는 유수지라고 할 수 있지요. 강물이 줄어들면 주남저수지까지 들어왔던 물도 함께 줄어듭니다.

주남저수지는 수심이 얕은 곳은 30센티미터, 깊은 곳은 5미터

뜨거운 태양이 뒤덮은 주남의 여름. 수생식물 천국을 이루며 곤충과 물고기들에게는 좋은 은신처와 먹이가 됩니다.

정도로 차이가 많습니다. 따라서 그 물 깊이에 따라 자라나는 식물도 각기 다른데, 수면 가장자리에는 줄이나 갈대 군락이 많고, 수심이 깊은 곳에는 가시연, 노랑어리연꽃, 생이가래, 마름이 군락을 이룹니다. 또한 저수지 가운데에는 갈대 섬이 있어서 새들을 비롯해 양서·파충류의 좋은 휴식처가 되고 있습니다.

뭇 생명들의 자리, 살아 있는 자연사박물관

습지로서의 가치 02

오랜 세월 동안 습지가 되어 가면서 차차 이 안에서 살아가는 생물들의 종류 역시 다양하고 풍부해졌습니다. 우리나라에서 한 곳에 이처럼 다양한 동식물이 서식하는 지역은 매우 드뭅니다. 이는 주남이 훌륭한 생태 학습장이자 수많은 생물 종의 보고로서 손색이 없음을 잘 말해 줍니다. 그 종류를 크게 나누어 소개하자면 식물 647종, 조류 150종, 파충류 7종, 양서류 3종, 포유류 10종, 어류 25종, 곤충 253종 등 총 1095종이 서식하는 것으로 학계에 보고되었습니다. 그러나 실제로 주남에 서식하는 종은 이보다 훨씬 많을 것으로 추산됩니다.

특히 주남저수지는 새들의 천국으로 주목받고 있는 만큼 이곳에는 환경부에서 지정한 멸종위기야생동식물 I급인 노랑부리저어새(천연기념물 제205-2호)와 두루미(천연기념물 제202호), 황새(천연기념물 제199호), 멸종위기야생동식물 II급인 가창오리와 개리, 고니(천연기념물 제201-1호), 그리고 재두루미처럼 멸종 위기에 처한 새들만 해도 23종이 관찰

해질 무렵 가창오리 떼가 큰 무리를 지어 이동하는 광경은 경이롭기 그지없습니다. 이들의 수없는 날갯짓 소리와 울음소리가 들리는 것 같지 않으세요?

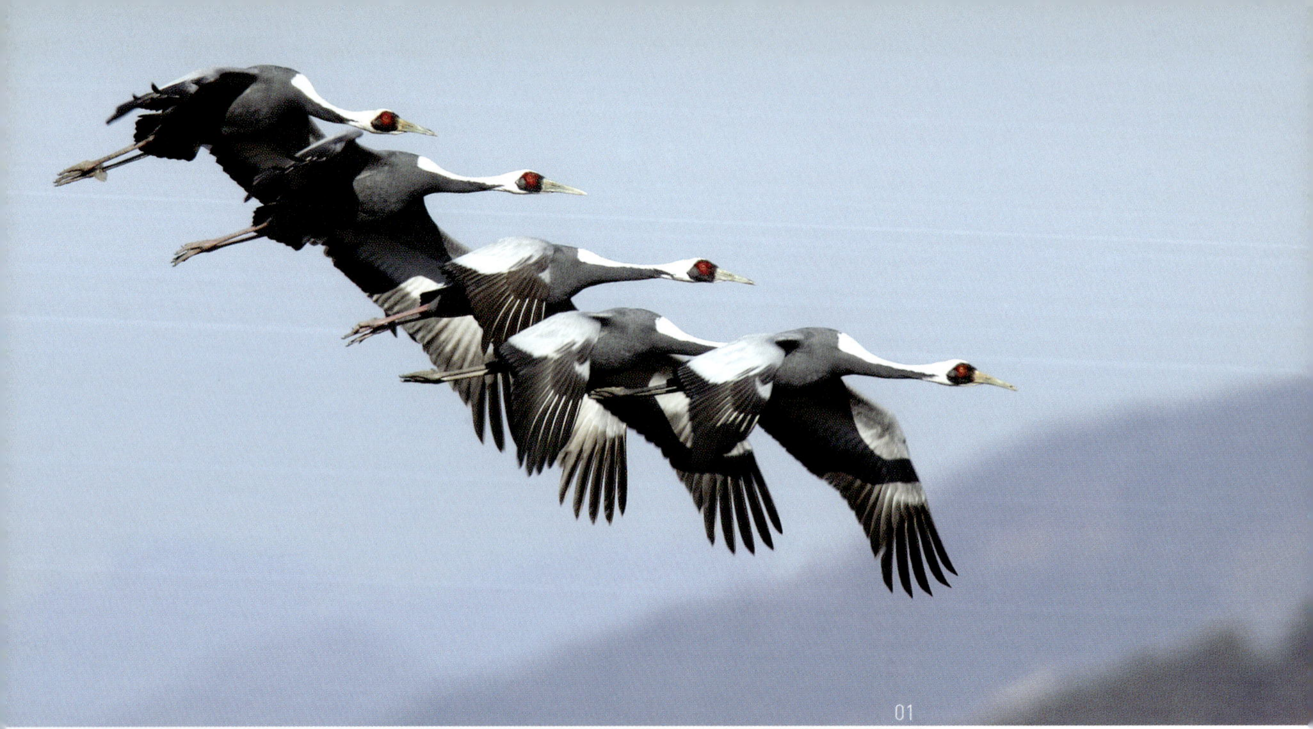

01

02

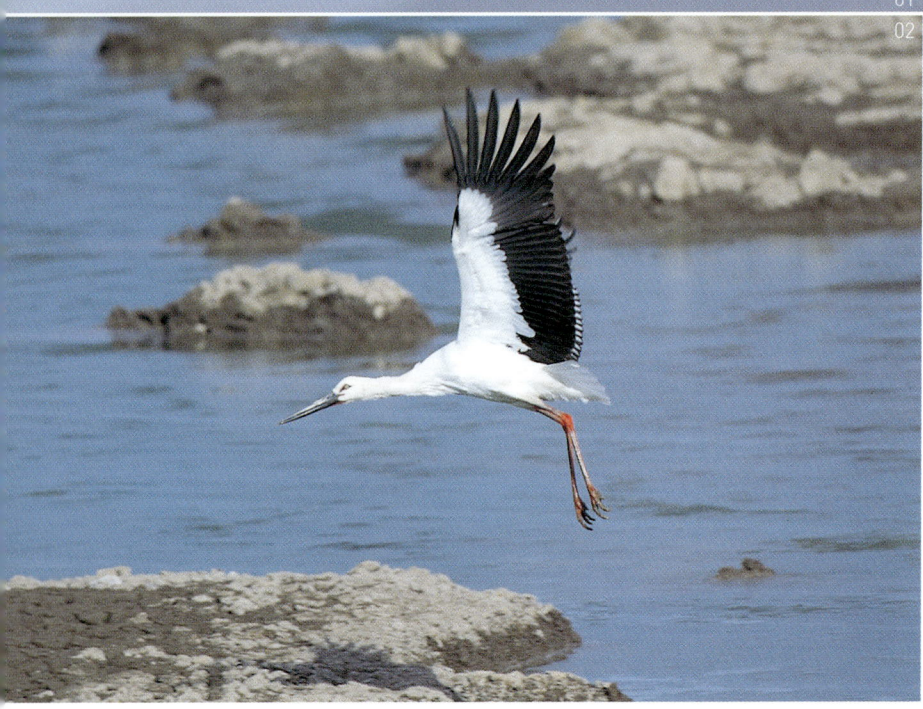

01 새 중의 새로서 시인 묵객들로부터 찬사를 받아온 재두루미는 예로부터 부귀와 영광의 상징으로 여겨진 새이기도 하지요.

02 천연기념물 제199호인 황새는 우리나라에 흔한 텃새였지만 지금은 찾아보기 힘든 멸종 위기종입니다.

천연기념물 제205-2호이자 환경부 지정 멸종위기야생동식물 I급인 노랑부리저어새입니다. 주걱 모양으로 생긴 부리는 끝 부분이 노란빛을 띠는데, 여름엔 이 색이 더욱 선명해집니다.

됩니다. 실제로 멸종 위기 조류는 I급 13종, II급 48종이 지정되어 있으니 거의 절반에 가까운 종류의 새가 이곳에 날아드는 셈이지요. 새들의 낙원이라는 명성은 그냥 주어지는 것이 아닙니다.

　주남은 애초에 농업용수를 공급하기 위해 만들어졌지만 시간이 흐르면서 생태학적 가치가 높아져 점차 거대한 자연사 박물관으로 자리 잡고 있습니다. 생태 가치가 높다는 것은 완전한 습지로서 그 기능과 역할을 한다는 의미와 같습니다.

　습지의 완전한 기능과 역할이란 우선 수생식물과 미생물들이 각종 오염물질을 정화시켜 주고, 중금속 같은 유해 화학물질은 무해한 상태

지구 반 바퀴를 도는 도요새

장거리 비행을 하는 대표적인 철새로 알려진 도요새는 전 세계에 약 85종이 분포하는데, 그중 절반이 넘는 45종이 봄가을로 우리나라를 찾습니다. 주로 세가락도요, 민물도요, 좀도요 무리가 서해안 갯벌과 낙동강 하구로 날아들면서 주남에도 찾아들어 긴 여행 중 휴식을 취합니다.

도요새는 주로 시베리아에서 번식을 하고, 어떤 종류는 지구 반 바퀴를 도는 장거리 이동을 하기도 합니다. 이들은 연안을 따라 먼 곳으로 여행해야 하기 때문에 그 긴 여행을 대비한 에너지를 저장하기 위해 짧은 시간 동안 많은 양의 먹이를 섭취합니다. 그래서 도요새는 갯벌에 물이 빠지면 정신없이 긴 다리와 긴 부리로 먹이 사냥을 하는데, 게나 새우, 지렁이, 조개, 수서곤충 따위를 잡아먹습니다.

로 바꾸어 준다는 점을 들 수 있습니다. 또한 홍수를 통제하고 수량을 조절하는 일도 습지의 중요한 기능 가운데 하나인데, 홍수가 나면 습지 1헥타르당 12센티미터 가량의 물을 가두어 놓는다고 합니다. 뿐만 아니라 습지는 생태적 생산성이 산림 지역에 비해 최고 20배, 바다에 비해 10배 정도 탁월하고 서식하는 동식물의 종도 다양합니다. 습지는 오염 물질을 걸러 주는 자연의 콩팥이자 다양한 동식물이 살아가는 생물 백화점입니다. 인간에게 가장 많은 혜택을 주는 노른자위 땅인 셈이지요.

01 목도리도요가 수면을 차고 날아오릅니다. 짧은 부리가 살짝 아래로 휘어져 있는 이 새는 잘 울지 않는다고 합니다.
02 가느다란 다리로 걷고 있는 좀도요. 15센티미터 정도로 아주 작고, 러시아 북극 지방에서 남반구까지 긴 여행을 합니다.

01 삑삑도요 02 깝짝도요 03 꼬까도요 04 메추라기도요 05 알락도요

'너희들은 모르지 / 우리가 얼마만큼 / 높이 나는지…' 도요새의 비밀 노랫말입니다. 긴 여행을 하는 나그네새인 도요새들은 우리나라에 45종이나 찾아듭니다. 도요새는 부리와 다리가 긴 편인데, 종류에 따라 몸 크기와 부리의 길이도 다양합니다.

03

환경의 세기, 생태 살리기에 나서다

람사협약과 람사총회 03

2008년 제10회 람사 당사국 총회의 개최지가 경상남도 창원의 주남저수지와 창녕의 우포늪으로 확정되면서 이들 두 곳 습지가 국제적인 관심을 불러일으키고 있습니다.

우리나라는 1997년 습지보전국제협약인 람사협약(The Ramsar Convention on Wetlands)에 101번째로 가입했고, 주남저수지는 2008년 람사총회 개최를 계기로 람사습지 등록이 유력해지고 있습니다. 람사협약은 1971년 2월 이란의 해안가 작은 마을인 람사에서 채택되어 1975년 12월에 발효된 정부 간 협약으로, 정식 명칭은 '물새서식지로서 특히 국제적으로 중요한 습지에 관한 조약'입니다. 우리나라에는 2006년 말 현재 강원도 양구군 대암산 용늪(1997년), 경상남도 창녕 우포늪(1998년), 전라남도 신안군 장도 습지(2005년), 순천의 순천만 갯벌, 보성군 벌교 갯벌(2006년) 등 모두 다섯 곳이 등록되어 있습니다.

'환경올림픽'으로 불리는 람사 당사국 총회는 3년마다 대륙별로

흰뺨검둥오리 가족이 나란히 갑니다. 어미는 행여나 새끼들을 놓칠세라 그 곁에 꼭 붙어 있네요.

순회하면서 개최하는 것을 원칙으로 하는데, 아시아 대륙에서 개최하기로 한 2008년에는 우리나라(우포늪, 주남저수지)에서 열리게 된 것입니다. 아시아에서는 일본 쿠시로 습지에 이어 두 번째가 되는 셈이지요.

람사총회는 무엇보다 전 세계적으로 습지의 중요성을 알리고 소중한 자연유산을 온전하게 후손들에게 물려주기 위해 힘을 모으고 있습니다. 기본적으로는 조류를 비롯한 수많은 동식물들이 안심하고 안전하게 살아갈 수 있도록 자연을 보호하자는 데 그 뜻이 있고요. 1988년 서울올림픽이 세계적으로 한국을 알린 계기가 되었듯이, 2008년 람사총회는 우리나라가 환경 선진국으로 도약하는 발판을 마련할 것으로 기대를 모으고 있어요. 이에 더해 람사총회가 우리나라에서 개최됨으로써 환경을 지키고 자연과 공존하면서 현명하게 이용하는 것이 얼마나 중요한지를 온 국민들에게 알리는 계기가 될 것입니다.

흔히 21세기를 '환경의 세기'라고 부르기도 하는데, 20세기가 인류

멸종 위기에 처한 철새들이 많이 날아드는 주남저수지는 전 세계적으로도 중요한 습지로서 우리에게 소중한 자연유산입니다.

문화유산에 대한 관광 시대였다면 21세기는 자연유산에 대한 생태 관광 시대가 될 것으로 예견하는 학자들이 많습니다. 독일의 경우는 갯벌을 국립공원으로 지정해 생태 관광지로 관리하면서 습지를 보존하는 동시에 이웃 나라들로부터 많은 관광 수입을 올리고 있습니다.

그러나 주남저수지는 1980년대 말부터 국제조류보호협회에 의해 멸종 위기에 처한 철새가 많이 찾아드는 곳으로 세계 각국의 조류 전문가들에게 널리 알려졌지만, 막상 철새보호구역으로는 지정되지 않은 채 방치되고 있습니다. 환경 전문가들은 주남저수지가 현재 모습을 유지하고 나라 안팎으로부터 생태 관광지로 주목받기 위해서는 해당 지역과 그 주변을 철새보호구역이나 습지보호구역, 또는 자연생태계 보전지역으로 지정해야 한다고 말합니다. 이는 더 이상의 훼손을 막기 위한 길이며, 보호구역 지정으로 인해 생기는 주민들의 피해는 적절하게 보상하는 것이 무엇보다 중요합니다.

01 | 하늘과 물이 맞닿은 듯 파스텔톤이 조화를 이룬 산남 저수지 풍경입니다.

02 | 줄기 끝에 나는 꽃 모양이 소시지처럼 생긴 부들입니다. 줄기가 쭉쭉 뻗으면 아이 키만큼 자라지요.

03 | 겨울철, 눈 쌓인 얼음 위를 쇠오리들이 걷고 있습니다.

04

수리도
가창오리도 춤추는
그곳

주남으로 날아든 새 04

푸드득 하는 새들의 날갯짓 소리가 사계절 내내 귀를 간질이는 이곳은 그야말로 새들의 낙원입니다. 주남에는 어른 손바닥보다 작은 새들부터 거대한 날개로 창공을 가르며 날카로운 부리와 발톱으로 사냥을 하는 맹금류까지 실로 다양한 새들이 숨 쉬며 살고 있습니다.

집단으로 무리 지어 있는 쇠기러기 떼. 잠 잘 때는 머리를 뒤쪽으로 향해 깃털에 파묻고 배를 바닥에 대거나 한쪽 다리로 서서 잡니다.

주남에서 관찰할 수 있는 새는 총 150여 종으로 조사되었지만, 학자들은 여름 철새와 나그네새(통과새)를 합하면 이보다 더 많을 것으로 추정하고 있습니다. 거대한 철새의 왕국인 셈이지요. 겨울 철새 탐조지로 주남이 각광을 받고 있는 것은 개체 수도 많거니와 종류가 다양해 훌륭한 학습장이 되고 있기 때문입니다.

생태 전문가들과 사진작가들의 의견을 종합해 보면, 이곳에는 멸종위기야생동식물 I급으로 검독수리, 노랑부리저어새, 저어새, 두루미, 매, 참수리, 흑고니(천연기념물 제201-3호), 황새, 흰꼬리수리가

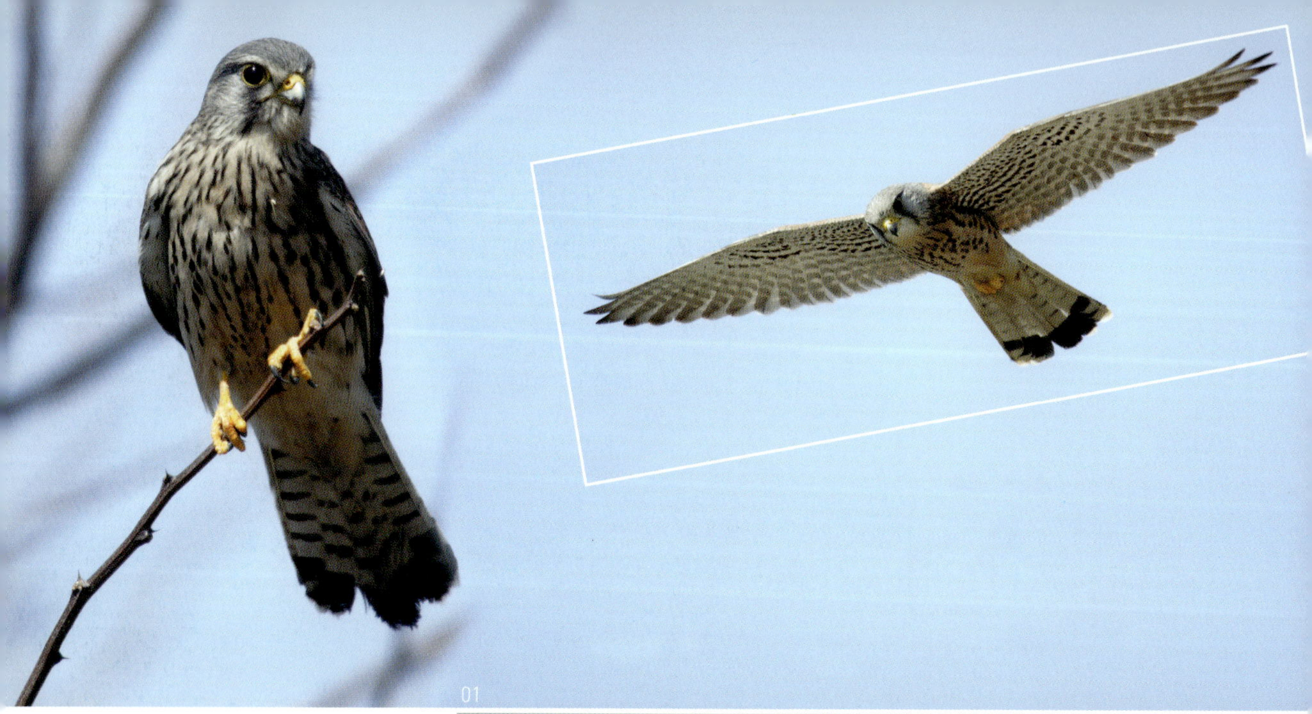

01

02

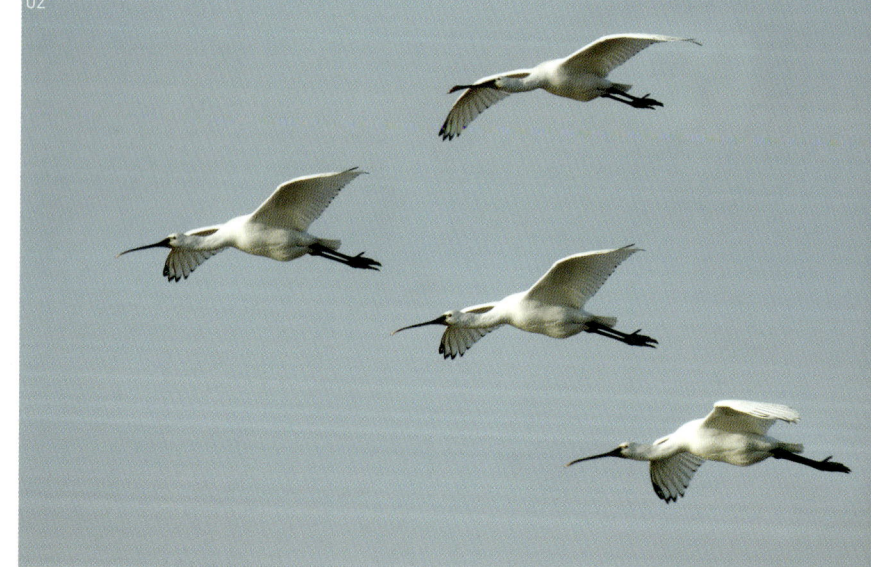

01 황조롱이는 암컷이 수컷보다 큽니다. 날 때는 날개를 심하게 퍼덕이면서 직선으로 나는데, 규칙적으로 정지 비행을 해서 먹이를 찾습니다.

02 집단으로 번식하는 노랑부리저어새. 부리를 물에 담그고 마구 휘젓다가 먹이를 낚아채는 특이한 습성이 있습니다.

서식하고, II급으로는 가창오리, 개리, 고니, 독수리, 말똥가리, 물수리, 쇠황조롱이, 재두루미, 큰고니, 큰기러기, 큰덤불해오라기, 흑기러기, 흑두루미, 흰이마기러기, 흰죽지수리가 월동하거나 터를 잡아 살고 있습니다. 23종 가운데 I급이 8종, II급이 15종이지요.

저수지별로는 산남 저수지에는 청둥오리가, 주남저수지에는 쇠기러기와 흰죽지, 동판 저수지에는 넓적부리가 가장 많은 것으로 각각 조사되었습니다.

그럼 지금부터 주남에서 관찰할 수 있는 멸종 위기의 희귀 새를 하나씩 살펴보겠습니다. 멸종 위기 조류 I급 중 검독수리는 산악 지역에 드물게 번식하는 텃새이면서 겨울 철새로 관찰되기도 합니다.

검독수리는 토끼 같은 중소형 포유류나 중대형 조류 또는 설치류를 주로 잡아먹는 무서운 새입니다. 도마뱀, 뱀, 거북이 같은 파충류를 잡아먹기도 하고요. 간혹 염소나 고라니 같은 가축의 사체를 먹기도 하는데, 어린 새끼는 직접 포획하기도 해요.

겨울 철새인 노랑부리저어새는 주남과 우포늪, 낙동강 하구, 천수만 등지에 서식하는데, 긴 부리로 촉각을 이용해 이리저리 저어서 어류, 양서류, 갑각류처럼 물에 사는 무척추동물을 주로 먹습니다.

생태학자들은 저어새류는 부리를 이리저리 저어서 먹이를 찾기 때문에 다른 새에 비해 상대적으로 멸종할 우려가 높다고 하네요.

노랑부리저어새(몸길이 70~95cm)보다 몸이 조금 작은 저어새(몸

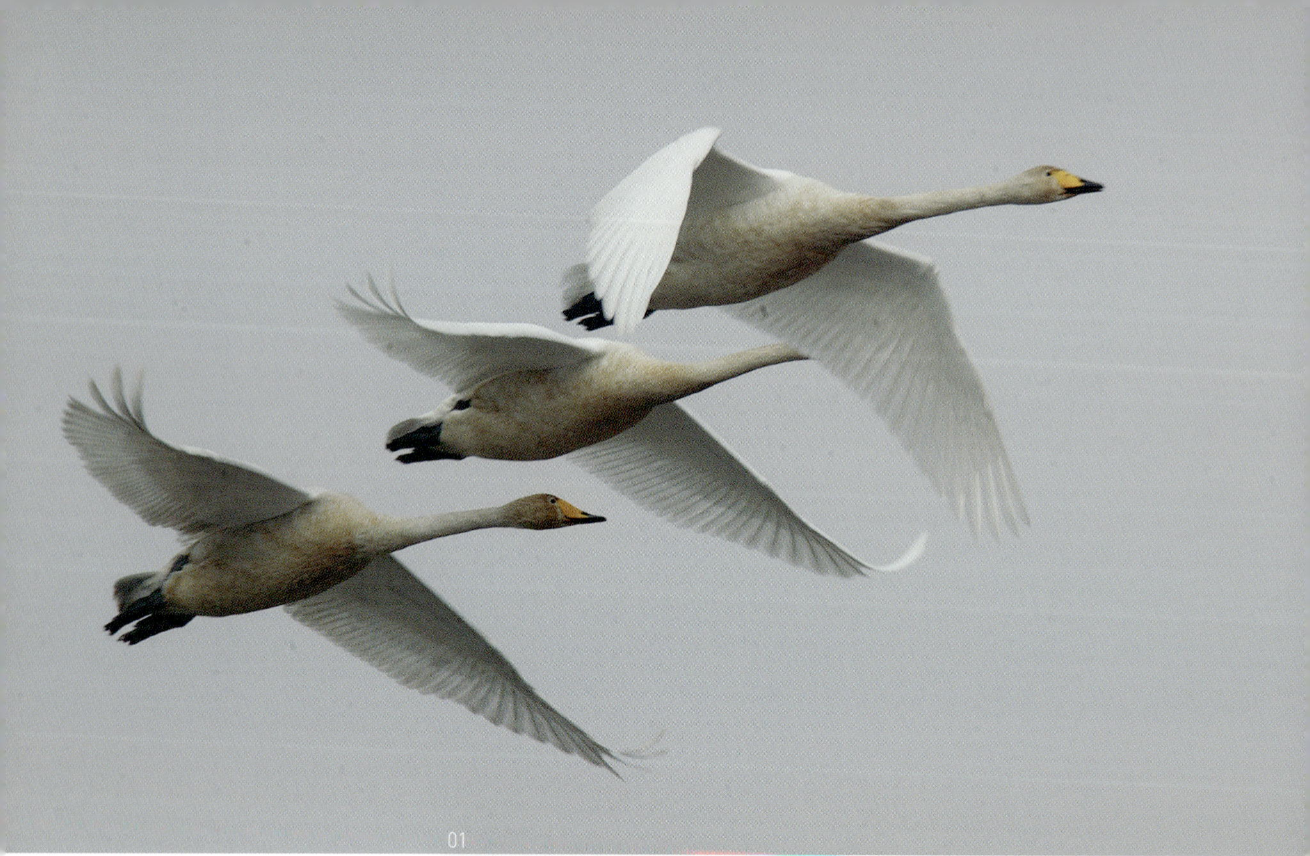

01 천연기념물 제201-2호이자 멸종위기야생동식물 II급인 큰고니는 몸 크기와 무게가 고니보다 크고 부리의 노란색 부분이 더 넓게 퍼져 있지요. 헤엄칠 때는 목을 곧게 세웁니다.

02 보통 기러기과 철새들과 달리 흰이마기러기는 앉아 있을 때 날개 끝이 꼬리 끝보다 깁니다. 쇠기러기와 혼동될 수도 있지만 몸 크기가 훨씬 작은데다 눈 테두리가 노란색으로 분명하게 보입니다.

습지의 사냥꾼들

왜가리는 물속을 걸어 다닙니다. 물결에 놀란 물고기들이 허겁지겁 도망가면 긴 부리를 이용해 그들을 잡아먹습니다. 노랑부리저어새는 긴 부리로 촉각을 이용해 이리저리 저어서 먹이를 찾고, 물뱀은 곤충류나 양서류를 주로 잡아먹는 다른 뱀들과 달리 물고기를 사냥한다고 하네요. 늑대거미는 거미줄을 치지 않고 수면 위 물풀에서 직접 곤충들을 잡아먹습니다.

길이 60~78.5cm)도 주남을 찾습니다. 이들은 늪과 갯벌, 강 하구 등지에 어류와 새우류들을 잡아먹으며 서식합니다.

두루미는 우아한 자태를 뽐내는 겨울 진객입니다. 강원도 철원과 경기도 강화도에 조금씩 찾아오는데, 주남에서도 관찰된 바 있습니다. 두루미는 어류와 곡류, 그리고 식물의 열매나 뿌리를 주로 먹습니다.

물고기 사냥의 강자라 불리는 참수리는 수면 부근에 있는 물고기를 향해 쏜살같이 다가가 두 발톱으로 낚아채는 맹금류입니다.

동해안의 경포호, 화진포호, 송지호, 청초호처럼 비교적 수심이 깊은 호수로 도래하는 혹고니도 가끔 주남을 찾습니다. 혹고니는 흰색 몸에 다리는 검은색, 부리는 주황색입니다. 눈앞은 검은색으로 부리 기부에 검은색으로 혹이 나 있다고 해서 혹고니라고 부릅니다.

01 | 노란색 눈테가 선명하고 목 주위에 동그랗게 검은 줄이 나 있는 꼬마물떼새는 여름 철새입니다. 흰물떼새와 비슷하게 생겼지만, 그보다 크기가 훨씬 작습니다.

02 | 흰색 눈테가 선명하고 나뭇가지에 늘어지게 둥지를 트는 동박새는 특히 동백꽃에서 나오는 꿀을 좋아합니다.

03 | 박새는 무리생활을 합니다. 머리 부근은 검은색이고 뺨만 하얗습니다. 배 가운데는 세로줄이 검게 나 있는데, 암컷은 이 폭이 좁습니다.

우리나라 토종 황새는 멸종되었지만, 철새 황새가 주남을 찾은 기록은 있습니다. 황새는 검은색 날개깃을 제외한 몸 전체가 흰색이고 부리는 검은색입니다.

어류, 조류, 포유류 같은 다양한 먹이를 잡아먹는 흰꼬리수리도 주남을 찾는 겨울 철새로 드물게 관찰되고 있습니다.

오래전부터 매사냥으로 유명한 매도 이곳에서 목격되곤 하는데, 이 새는 물고기류를 주식으로 하지만 토끼나 쥐와 같은 포유류나 설치류도 잡아먹습니다.

　　멸종위기 조류 II급 중 주남저수지에서 가장 많이 보이는 새는 가창오리입니다. 전 세계적으로 50만 마리가 분포하는 것으로 밝혀진 이 새가 겨울철 주남에서 가장 많이 관찰된 때는 5만여 마리(1996년과 2006년)에 달하기도 했습니다.

　　가창오리는 내륙습지와 갯벌 등지에서 월동하는데, 낮에는 휴식을 취하고 밤에는 주변 농경지로 날아가 벼 낟알을 주로 먹습니다. 월동지에서는 집단을 이루어 생활하는 습성이 있습니다.

　　고니와 큰고니도 볼 수 있는데, 고니는 몸길이가 120센티미터에 몸무게가 3.4~7.8킬로그램인 데 비해 큰고니는 140센티미터에 7.5~12.7킬로그램으로 고니보다 다소 큽니다. 이 둘은 강 하구, 저수지, 호수, 해안 등지에 살면서 주로 물풀을 먹는다는 공통점이 있지만 번식 습성은 다릅니다. 고니는 5~6월에 3~5개의 알을 낳으며 29~30일 동안 품어 어미가 되기까지 6~8주가 걸리는 데 비해 큰고니는 4~5월에 번식을 시작해 4~5개의 알을 낳고 35일 동안 품어 어미가 되는 데는 87일이 걸립니다.

　　해마다 겨울이면 주남으로 날아드는 재두루미는 몸이 회색이고 눈 주위에 테두리를 두른 양 붉은색을 하고 있습니다. 재두루미는 한 번 짝짓기를 하면 평생을 함께 산다고 합니다.

　　흑두루미는 몸은 흑색인데 머리와 목은 흰색이어서 서양에서는 검은 수녀복을 입은 수녀로 여겼다고 합니다. 두 종 모두 습한 초지에서 번식하고, 비(非)번식기에는 농경지나 늪, 저수지 등지에서 무척추동물, 양서류, 어류, 식물의 열매와 뿌리, 곡물 따위를 먹으며 지냅니다.

가을에 주남을 찾는 기러기로는 큰기러기와 흑기러기, 흰이마기러기, 개리 들이 있습니다. 이 가운데 개리와 흑기러기는 천연기념물로 지정(각각 제325-1호와 제325-2호)되어 있습니다. 이들은 모두 늪이나 호수, 갯벌 등지에 서식하는데, 크기로 보면 흰이마기러기(몸길이 58센티미터)가 가장 작고, 그 다음으로는 흑기러기(몸길이 61센티미터), 큰기러기(몸길이 85센티미터) 순입니다.

큰기러기는 몸 전체가 흑갈색이고, 흑기러기는 목과 옆구리에 흰색 무늬가 있으며, 흰이마기러기는 이름처럼 이마가 희고 눈 가장자리에 노란색 테두리가 뚜렷합니다.

기러기류 가운데 가장 형행색색의 몸색을 자랑하는 개리는 멸종위기야생동식물 II급으로, 부리가 검고 다리는 주황색이며 이마 뒤부터 목덜미를 따라 밤색을 띱니다. 뺨과 목 앞쪽, 가슴과 배는 연한 갈색이고, 등과 날개 윗변은 암갈색, 꼬리 아래 날개깃은 흰색입니다.

갈대숲의 신사 큰덤불해오라기는 몸 윗면은 밤색, 아랫면은 밝은 갈색인데, 목에서 가슴까지 중앙에는 검은색 줄이 굵게 나 있습니다.

강과 습지의 갈대밭이나 물풀이 있는 곳에 서식하고, 주로 어류, 개구리류, 무척추동물 들을 먹습니다.

01 쇠부엉이
02 조롱이
03 혹고니

붉은 눈을 한 갈대숲의 신사 해오라기는 머리 꼭대기에 장식깃 두세 개가 흰색으로 길게 나 있습니다. 낮엔 물가에서 쉬고, 먹이는 밤에 찾아 나서지요.

　　야생의 동물이 점차 줄어들고 있는 현 시점에서 맹금류는 더욱 보기 어려운 새가 되었지만, 주남에는 먹이가 풍부한 덕에 이들이 안정적으로 서식하고 있습니다. 주남에서 볼 수 있는 맹금류로는 독수리, 말똥가리, 물수리, 쇠황조롱이, 흰죽지수리 등 10여 종이 있습니다.

　　겨울철에 간혹 목격되는 독수리는 몸길이가 100~112센티미터인 데다 몸무게는 최고 12.5킬로그램까지 나가는 큰 새입니다. 온몸이 까맣고, 날개를 편 길이는 250~295센티미터까지 될 정도지요. 동물의

01 | 말똥가리가 먹이 사냥을 하기 전에 정지 비행을 하고 있습니다.

02 | 오리를 사냥한 흰죽지수리가 날카로운 발톱으로 먹잇감을 잡고 있습니다.

03 | 전깃줄에 앉아 있는 쇠황조롱이. 주로 작은 새들을 잡아먹고, 쉴 때는 작은 나무나 바위에 앉아 있습니다.

뻐꾸기의 탁란, 생태계의 수수께끼

뻐꾸기는 우리나라의 대표적인 여름 철새로 번식할 때 알 색깔이 비슷한 다른 새의 둥지에 몰래 알을 낳는 습성이 있습니다. 그래서 뻐꾸기가 낳은 알을 품고 그것이 부화하면 새끼에게 먹이를 주는 일은 그 둥지의 주인이 떠맡지요. 이런 방식을 '탁란(托卵, deposition)' 또는 '기생부화'라고 합니다.

뻐꾸기가 주로 알을 낳는 곳은 흔히 뱁새라고 불리는 붉은머리오목눈이의 둥지입니다. 알에서 부화한 뻐꾸기 새끼가 가장 먼저 하는 일은 둥지에 함께 있는 붉은머리오목눈이의 알을 둥지 밖으로 밀어내는 것입니다. 이때부터 뻐꾸기 새끼는 둥지 주인인 붉은머리오목눈이의 새끼 행세를 하고, 붉은머리오목눈이도 뻐꾸기 새끼를 자기 새끼로 여기고 먹이를 물어다 줍니다. 붉은머리오목눈이에 비할 때 뻐꾸기 새끼가 얼마나 큰지 부리 안으로 붉은머리오목눈이의 머리가 쑥 들어갈 정도지요.

뻐꾸기가 몰래 그의 둥지에 알을 낳는 붉은머리오목눈이입니다. 흔히 뱁새라고도 불리지요.

사체를 뜯어먹으며 살고, 도마뱀이나 거북류처럼 살아 있는 파충류도 먹이로 삼습니다.

쇠황조롱이도 주남저수지 부근에서 자주 관찰되는 맹금류입니다. 이 새는 무게가 50그램 이하인 작은 새들을 주로 잡아먹습니다. 쇠황조롱이보다 큰 맹금류인 말똥가리는 설치류나 곤충류, 양서·파충류, 조류 들을 먹잇감으로 사냥하며 숲 가장자리나 경작지, 산림 등 다양

나뭇가지에 한가롭게 앉아 있는 직박구리(01)와 제비(02). 제비가 한껏 목청을 높여 웁니다.

한 곳에서 삽니다.

물고기 사냥의 명수인 물수리는 10~40미터 고도에서 급강하해 150~300그램 정도 되는 물고기를 두 발로 재빨리 챈 다음 나무 위로 올라가 먹습니다.

흰죽지수리는 소형 및 중형 포유류를 주 먹이로 하는데, 조류와 파충류도 먹습니다. 몸길이는 72~84센티미터 정도로, 주남에서 독수리 다음으로 큰 맹금류이지요. 우리나라에는 겨울철에 주남을 비롯해 강원도 철원, 한강, 임진강 하구, 천수만, 낙동강 하구 등지로 도래합니다.

05

초록의 융단, 수생식물 축제

식물, 생명을 잇는 고리 05

주남이 새들에게 안락한 낙원이 될 수 있는 것은 이곳에 수생식물이 풍부해 곤충과 물고기들에게 안정적인 서식지가 되고, 이들은 다시 새들의 먹이가 되기 때문입니다. 한여름 주남저수지의 수면은 거대한 초록빛 융단이 됩니다. 수면을 온통 뒤덮은 물풀들이 생명 잔치를 벌이죠. 물풀(수초)은 뭍풀(육초)에 비해 꽃 크기도 작고, 그 모습이 앙증맞습니다. 물풀은 물고기들에게 육상동물들의 숲과 같은 구실을 합니다. 은신처가 되기도 하고 먹이를 찾는 사냥터이기도 하지요. 곧 물풀은 조류-어류-곤충류를 잇는 '생명의 고리' 역할을 한다고 볼 수 있습니다.

주남에 서식하는 식물을 소개하면서 가시연과 순채를 빼놓을 순 없겠지요. 이 둘은 멸종위기야생동식물 II급으로 지정되어 있기도 합니다. 가시연은 물풀의 왕으로 일컬어지며 우리나라 식물 중 잎이 가장 커 지름이 2미터가 넘는 것도 있답니다. 8월 즈음에는 자주색 꽃을 피

가시연 뒷면입니다. 가시연은 초록색 앞면과 달리 뒷면은 짙은 자줏빛을 띱니다.

습지에서 자라는 대표적인 희귀식물을 꼽으라면 가시연을 들 수 있습니다. 가시연은 잎 표면에 주름이 많고, 풀 전체에 가시가 돋아나 있습니다.

우는데, 활짝 피어도 꽃잎이 15도 정도만 벌어져 동양의 아름다움을 잘 드러낸다고들 합니다. 가시연은 물 높이에 직접적으로 영향을 받기 때문에 때 이른 홍수가 지면 물속에 잠겨 꽃 구경하기가 어렵습니다.

수련과에 속하는 여러해살이풀인 순채는 뿌리줄기가 옆으로 가지를 치면서 자랍니다. 다 자라면 물 위로 떠오르고, 꽃은 잎 겨드랑이의 긴 꽃자루에 한 개씩 달립니다. 또한 물에 잠긴 채로 자줏빛 꽃을 피우지요.

순채는 1990년대 말까지만 해도 주남 대부분 지역에서 자랐지만,

자줏빛 꽃을 피운 가시연. 잎을 뚫고 나오는 꽃이 수줍은 듯 살짝 고개를 내밀었습니다.

주변의 축사와 농약, 공장폐수 따위로 물이 오염되면서 크게 줄어든 탓에 지금은 일부 지역에서만 관찰되고 있습니다.

학자들이 조사한 자료에 따르면, 주남의 저수지 세 곳 가운데 산남 저수지에는 227종, 주남저수지에는 254종, 동판 저수지에는 240종의 식물이 서식하는 것으로 밝혀졌습니다. 물론 이것은 확인된 수치일 뿐이고, 실제로는 이보다 더 많은 식물이 서식하는 것으로 추정되고 있습니다.

이들 세 곳의 저수지별로 식물을 살펴보면, 우선 지도상으로 맨 위쪽에 있는 산남 저수지에는 마름이 가장 많은 군락을 이루고 줄, 냉이, 물수세미 들도 많이 분포해 있습니다. 둑 비탈면에는 주로 냉이가

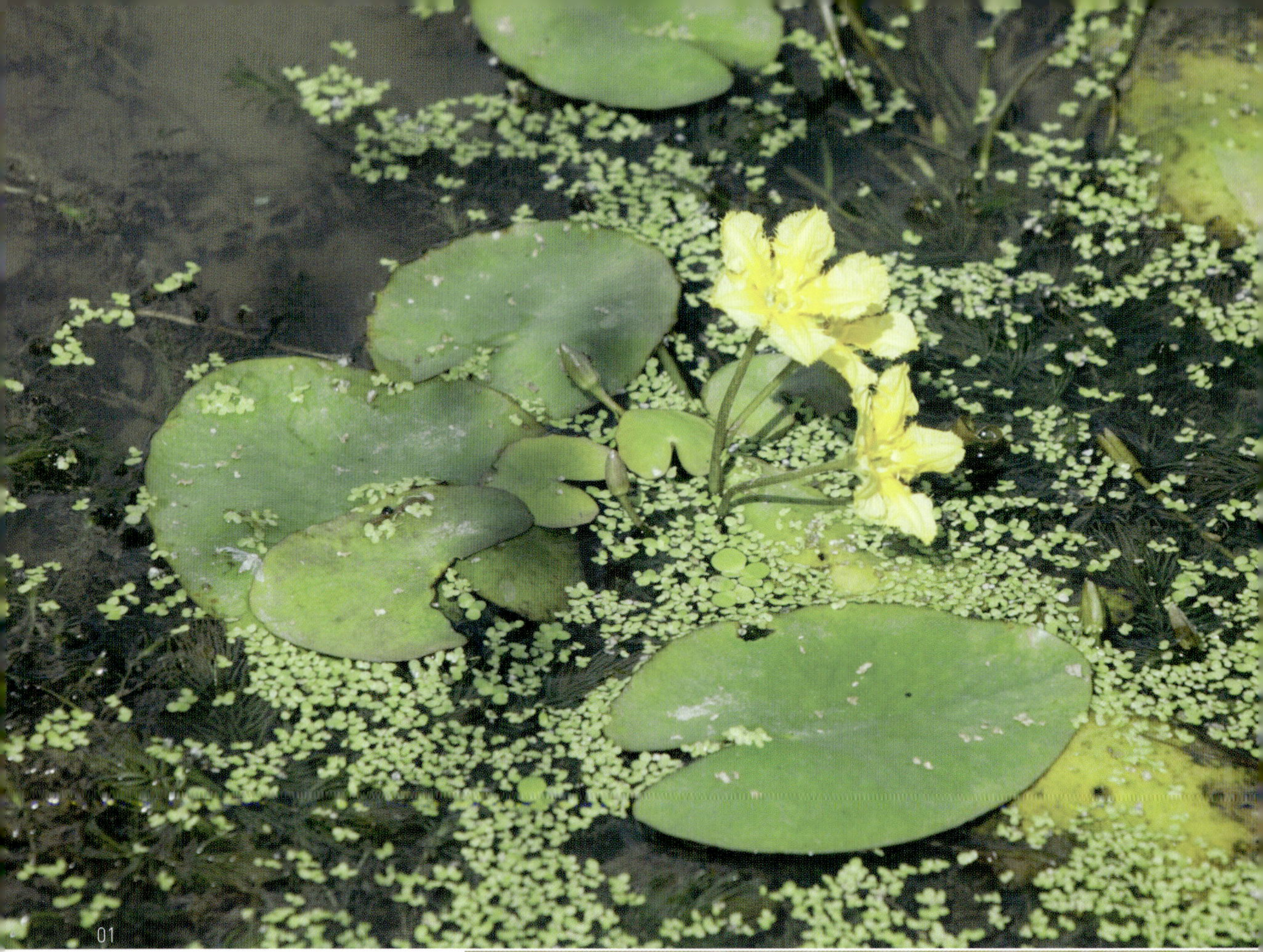

01 주남저수지 깊은 곳은 수심이 5미터까지 됩니다. 노랑어리연꽃은 그중에서도 깊은 곳에 군락을 이루며 삽니다.

02 연 03 자라풀 04 여뀌 05 사마귀풀

군락을 이루고, 싸리냉이, 지칭개, 쇠별꽃, 쇠뜨기, 돌나물, 개망초, 망초 들도 터를 잡고 있습니다. 수면에는 노랑어리연꽃과 나도겨풀, 물수세미가 많고, 개간지 주변에는 쇠치기풀, 소리쟁이, 물피, 여뀌, 며느리배꽃이 많이 관찰됩니다.

주남(용산) 저수지 역시 마름이 가장 많고, 좀개구리밥, 생이가래, 물수세미, 버드나무, 갈대, 노랑어리연꽃, 왕버들, 물억새, 가시연, 나도겨풀, 줄이 군락을 이루고 있습니다.

동판 저수지에는 줄이 가장 많은 군락을 이루고, 버드나무, 창포, 물억새, 붕어마름, 노랑어리연꽃이 주로 자랍니다.

세 저수지 가운데 종 다양성이 가장 풍부한 주남저수지에는 둑 비탈면에 띠, 억새, 개솔새가 많고, 쑥부쟁이, 왕고들빼기, 쑥, 마디풀, 쥐방울덩굴, 인동 들이 관찰됩니다. 수면에는 줄 군락과 함께 좀개구리밥, 개구리밥, 마름, 노랑어리연꽃, 창포가 가득 덮고 있습니다. 저수지 가장자리에 왕버들과 버드나무가 물속에 뿌리를 내리고 서 있는 모습은 신비롭기 그지없지요. 또한 월잠리 가월마을 생태학습관 앞 둑 비탈 면에 우거진 갈대숲은 가을 정취를 더해 줍니다.

주남은 낮에도 아름답지만 밤 풍경도 그에 못지않게 빼어납니다. 여름과 가을철에는 곤충의 합창소리, 겨울에는 새들의 소리로 떠들썩하지요. 동판 저수지는 왕버들, 버드나무, 내버들, 갯버들 같은 버드나무류가 많아서 시인과 화가, 사진작가들의 발길을 불러들입니다.

01 못이나 논에서 자라는 가래. 잎이 물 위에 뜬 것과 아래에 잠긴 것으로 나뉩니다.

02 생이가래가 수면을 가득 덮었습니다. 생이가래 잎은 수염처럼 가늘게 갈라져서 물속에서 뿌리가 하는 기능을 합니다.

주남저수지에 여름이 찾아왔습니다. 청청한 하늘빛과 어우러진 수면 위로 뒤덮인 자라풀들이 축제를 벌입니다.

가을이 무르익었습니다. 바람에 한들한들 마음까지 흔들리는 듯합니다.

01 | 붉게 물든 가을 단풍과 솜처럼 흰 억새가 한데 어우러진 풍경입니다. 02 | 노을 진 하늘 아래 황금빛으로 물든 억새 군락.

01 억새풀에 앉아 있는 개개비 한 쌍입니다. 개개비는 지저귀는 소리가 유난히 요란스러운데, 머리 위에 난 깃털을 세우며 울기도 하지요.

02 여름의 전령사인 개개비 새끼들이 알에서 갓 부화했습니다. 깃털이 아직 나지 않아 벌거벗은 모습이 안쓰럽기까지 합니다.

곤충을 잡아먹는 식충식물

식충식물은 광합성을 하면서 양분을 섭취하기도 하고, 작은 곤충들을 먹이로 소화시켜서 영양을 흡수하기도 합니다. 주남에 사는 식충식물로는 통발이 있습니다. 통발은 곤충을 잡아먹는 식충식물인데, 물속에서 자랍니다. 지금은 환경이 오염되면서 개체 수가 많이 줄어들어 멸종 위기에 처해 있는 실정입니다.

주남에는 살지 않지만 또 다른 식충식물로는 파리지옥이 있습니다. 파리지옥은 눈 깜짝할 새(0.1초) 잎사귀를 오므려 파리를 가둡니다.

파리지옥 잎은 절반을 자른 테니스공을 뒤집어 놓은 것처럼 불룩한 상태로 있다가 파리가 앉으면 오목한 모양으로 돌변합니다. 이때 마치 고무가 튀어 오르듯 탄력 있게 움직이는 것은 잎사귀의 장력 때문이라고 합니다.

또한 물억새와 갈대, 줄, 창포가 여름 가을로 왕성한 생명력을 자랑하면서 이곳의 경관을 더욱 아름답게 빛냅니다.

갈대와 억새는 주남저수지 둑과 인근의 주천강, 그리고 갈대 섬에 군락을 이루고 있습니다. 갈대와 억새는 붉은머리오목눈이, 개개비 같은 작은 새들의 은신처와 번식지가 되기 때문에 생태학적으로도 중요한 의미가 있습니다. 10월부터 이듬해 3월까지 일렁이는 주남의 갈대숲을 보고 있노라면, 춤추는 듯 우는 듯 바람에 몸을 맡기는 그 움직임을 따라 이런저런 감회에 젖어듭니다.

06

가을밤 풀벌레 소리, 대자연의 하모니

곤충, 생태계의 균형자 06

갖가지 곤충들이 어울려 살고 있는 주남에는 그중에서도 특히 잠자리와 나비의 종 다양성이 풍부합니다. 우리나라에 사는 잠자리의 30퍼센트, 나비류의 20퍼센트 정도는 주남에 살고 있다고 보면 됩니다.

주남에서 관찰된 잠자리류는 등검은실잠자리, 아시아실잠자리, 검은물잠자리, 부채장수잠자리, 애기좀잠자리, 쇠측범잠자리, 큰등줄실잠자리, 왕잠자리, 고추잠자리, 밀잠자리, 노랑허리잠자리를 비롯해 30여 종에 달합니다. 아직 보고되지 않은 잠자리류는 이보다 훨씬 많은 것으로 추정하고 있어요. 잠자리는 파리나 모기 같은 다른 곤충을 잡아먹고, 새들에게는 먹이가 되기 때문에 생태계에 균형자 역할을 합니다.

사람들은 대개 습지에 모기가 많을 것으로 생각하지만, 실제로는 잠자리가 많기 때문에 도심보다 오히려 모기가 적습니다.

주남에서 흔히 볼 수 있는 줄점팔랑나비입니다. 여름·가을에 특히 많은데, 그 모양이 특이해서 나방과 혼동하는 사람들도 많습니다.

01 밀잠자리
02 애기좀잠자리
03 검은물잠자리
04 물잠자리
05 큰등줄실잠자리
06 노란실잠자리
07 등줄실잠자리
08 깃동잠자리
09 아시아실잠자리 암컷
10 왕실잠자리
11 방패실잠자리

잠자리는 파리나 모기를 잡아먹고 다시 새들의 먹이가 되어 생태계 균형을 이룹니다.

한여름이면 주남저수지 위로 고추잠자리를 쉽게 볼 수 있습니다.

나비로 착각할 만큼 날개 모양이 닮은 나비잠자리. 특히 뒷날개가 넓어서 다른 잠자리들과 금새 구별이 됩니다.

    한여름 주남의 수면 위로는 가장 흔한 고추잠자리부터 노랑색 띠를 두른 노랑허리잠자리, 나비처럼 생겼다 해서 이름 붙은 나비잠자리 등 헤아릴 수 없을 정도로 많은 잠자리들이 날아다닙니다.

65

하지만 그 작고 깜찍한 날개를 파르르 떨며 주남을 누비는 것은 잠자리뿐만이 아니랍니다. 그에 못지않게 나비도 많이 날아다닙니다. 조사된 것만 해도 37종이니까요. 사향제비나비, 암끝검은표범나비, 왕오색나비, 황오색나비, 푸른부전나비, 부처사촌나비 들이 주남을 둥지 삼아 날개를 팔랑거리면서 누비고 다닙니다. 이곳에 서식하는 나비 중 다른 곳에서는 좀처럼 볼 수 없는 귀한 나비로는 꼬리명주나비, 황오색나비, 거꾸로여덟팔나비, 작은멋쟁이나비를 꼽을 수 있습니다.

꼬리명주나비는 차츰 개체 수가 줄어들고 있는데, 비상력이 약해 흐린 날이나 바람이 세게 부는 날은 거의 날지 않습니다. 맑은 날에는 이따금 일광욕을 하기 위해 날개를 편 채 앉기도 하고, 개망초, 멍석딸기 같은 꽃에서 꿀을 빨기도 합니다. 교미를 마친 암컷은 먹이식물인 쥐방울덩굴의 줄기나 잎 뒷면에 50~60개의 알을 한꺼번에 낳습니다.

버드나무 숲과 그 주변을 경쾌하게 날아다니는 황오색나비는 버드나무, 참나무, 벚나무류의 수액에 잘 모입니다. 수컷은 습지나 동물의 배설물에도 잘 날아듭니다. 거꾸로여덟팔나비는 줄무늬를 거꾸로 보면 여덟 팔(八) 한자처럼 보인다고 해서 이름이 거꾸로여덟팔나비입니다. 쉬땅나무, 고추나무, 얇은잎고광나무의 꽃을 찾아 꿀을 즐겨 빨며 습지에 잘 모입니다.

작은멋쟁이나비는 가을에 개체 수가 더욱 늘어나는데, 국화, 엉겅

01 | 부추꽃 위에서 꿀을 빨고 있는 작은멋쟁이나비의 모습이 앙증맞습니다.

02 | 푸른부전나비는 크기가 아주 작아 동전의 반 정도 됩니다. 수컷은 수십 마리씩 모여 물을 먹곤 합니다.

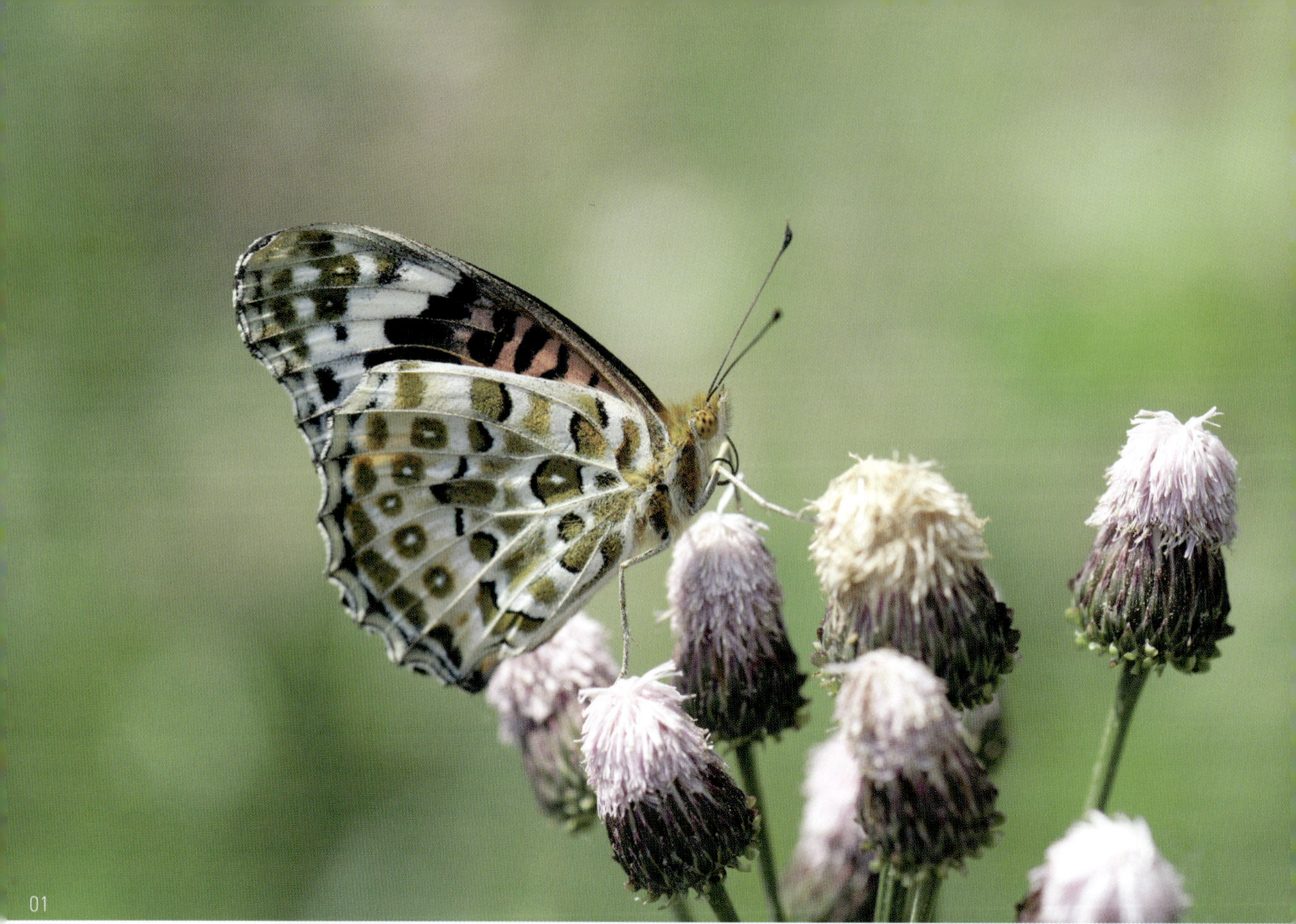

01

02

03

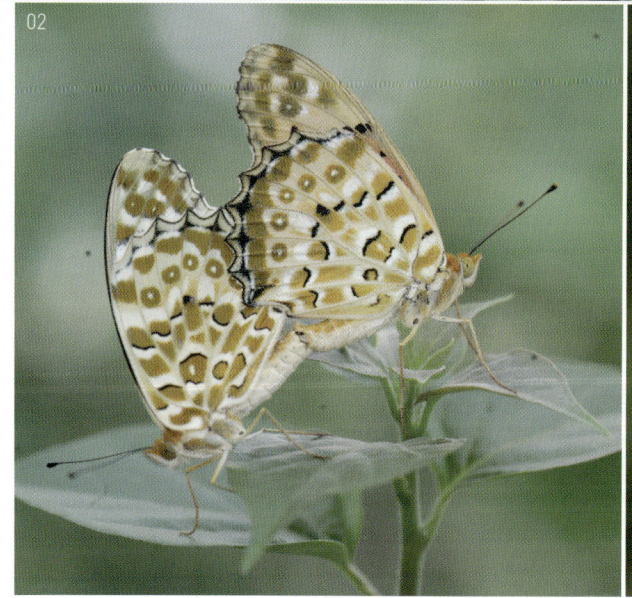

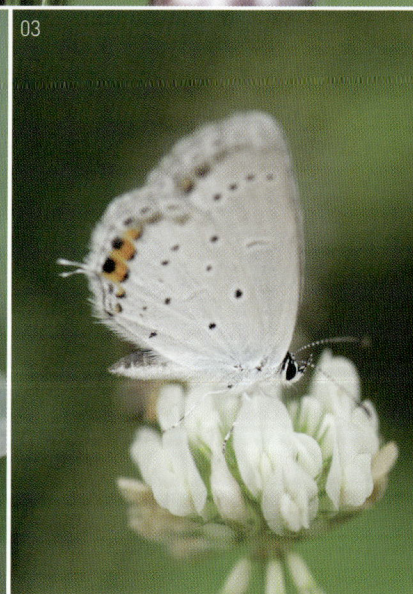

01 암끝검은표범나비
02 짝짓기를 하는 암끝검은표범나비
03 암먹부전나비
04 배추흰나비
05 네발나비
06 작은주홍부전나비
07 노랑나비
08 남방부전나비

주남에는 특히 나비와 잠자리의 종 다양성이 풍부해 우리나라 나비의 20퍼센트 정도는 이곳에 산다고 할 수 있습니다.

물방개는 등 표면이 매끈매 끈하고 윤이 납니다. 특히 뒷 다리가 굵고 털이 많아 헤엄 을 칠 때 물속에서 노를 젓 는 양 보입니다. 이따금씩 공 기를 마시기 위해 물 위로 떠오르지요.

퀴, 토끼풀, 코스모스 꽃에서 나오는 꿀을 좋아하고, 나무진이나 썩은 과일에도 잘 모입니다.

잠자리와 나비 말고도 주남에는 각종 곤충들이 숨 쉬고 있습니다. 물장군과(科) 곤충인 각시물자라와 물자라는 죽은 물고기나 다슬기 따위를 잡아 체액을 빨아 먹습니다. 번식기에는 암컷이 물속에서 수컷의 등에 알을 낳습니다. 그러면 수컷은 그 알이 부화할 때까지 등에 지고 다니며 돌보는데, 알에 필요한 산소를 공급하기 위해 물 밖으로 나올 때 새들에게 공격받지 않도록 보호하면서 부성애를 발휘합니다.

송장헤엄치게도 이곳에서 눈에 띄는 곤충입니다. 이 녀석은 배가 하늘로 향하도록 누워 송장헤엄(배영)을 치는 자세로 생활하면서 올챙이나 작은 물고기, 그리고 수면 위로 빠진 다른 곤충들의 체액을 빨아

01 | 개망초 꽃에 앉은 남색초원하늘소입니다. 더듬이가 길면서도 자루마디마다 검정색 털뭉치가 난 것이 특징이지요.

02 | 늦봄부터 가을까지 많이 볼 수 있는 노란띠하늘소는 특히 여름에 많고, 딱지날개에 넓게 노란색 띠가 나 있습니다.

먹습니다.

몸이 납작하고 타원 모양을 한 꼬마줄물방개는 몸색이 황갈색이고, 딱지날개에는 세로줄로 무늬가 있습니다. 축축한 땅속에서 겨울잠을 자며 여름밤에는 불빛으로 날아들기도 합니다.

남색초원하늘소, 꽃하늘소, 털두꺼비하늘소, 산줄각시하늘소, 알락하늘소, 우리목하늘소, 참나무하늘소, 국화하늘소, 노란띠하늘소 등 하늘소과(科) 곤충들도 서식하는데, 이 가운데 참나무 숲에 사는 참나무하늘소는 6~8월에 참나무류, 사방오리, 밤나무에 모여듭니다. 참나무하늘소는 몸 가운데 부분과 날개 끝에 각각 4개씩 흰색 무늬가 있습니다.

이 밖에도 벌은 어리호박벌, 호리병벌, 나나니, 무늬수중다리좀벌,

01 | 노랑배수중다리꽃등에. 이 곤충은 어른벌레일 때 뒷다리가 부풀어 있습니다.

02 | 말매미는 나무의 수액을 빨아먹고 삽니다. 어린 나뭇가지에 알을 낳으면 그 가지가 말라죽기도 합니다.

03 | 벼메뚜기가 벼 이삭에 매달렸습니다. 가을, 벼가 황금빛으로 물들 무렵이면 벼메뚜기도 이에 맞추어 누런색으로 몸색을 바꿉니다.

칠성무당벌레(01)와 무당벌레(02), 그리고 중국청람색잎벌레(03).
칠성무당벌레는 진딧물이 많은 곳에 알을 낳고 삽니다. 위험에 처하면 돌연 땅으로 떨어진 다음 죽은 척 합니다.

무늬자루맵시벌 등 관찰된 것만 25종에 달합니다. 예전에는 많이 관찰되었으나 점차 개체 수가 줄고 있는 땅강아지는 삽 모양으로 생긴 앞다리를 이용해 흙을 파고 들어가 땅속에서 삽니다. 땅강아지는 풀뿌리나 곤충을 먹이로 하는 잡식성으로 습지나 경작지 주변 풀밭, 논둑 등지에 주로 서식하는 곤충인데, 농약 등으로 서식지가 오염되면서 근래에는 보기 드문 곤충이 되었습니다.

07

바위 틈에, 갈대 속에
살랑살랑
꼬리를 흔들고…

꼬리 치는 물고기 07

갈대, 줄, 창포, 왕버들……. 주남에서 푸릇푸릇 싹을 돋우는 풍부한 수생식물은 물고기들에게 더없이 좋은 은신처가 되고, 먹이 공급처가 됩니다. 이곳에서 조사 보고된 어종만도 붕어, 쉬리, 백조어, 참몰개, 긴몰개, 뱀장어, 피라미, 돌고기, 참붕어, 연어, 잉어, 칼납자루 등 25종에 달합니다.

또한 큰납지리, 흰줄납줄개, 각시붕어, 미꾸리, 수수미꾸리, 메기, 송사리, 가물치, 버들붕어, 꺽지, 숭어, 밀어, 웅어 들도 주남저수지에 터를 잡아 사는데, 특히 갈대 속에서 잘 자라는 웅어는 고기 맛이 좋아 임금에게 진상했던 귀한 물고기로 잘 알려져 있습니다. 산업화가 가속화되면서 그 흔하던 연어, 쉬리, 송사리 들은 거의 자취를 감추었습니다.

연어는 낙동강과 연결되어 있는 주천강을 통해 주남까지 온다고 하지만, 지금은 그 수가 극히 적은 것으로 파악되고 있어요.

칼납자루는 민물조개의 몸속에 알을 낳습니다. 이때 수컷들은 민물조개를 둘러싸고 세력권 다툼을 벌이지요.

01 물 흐름이 느리고 물풀이 많은 곳에 사는 버들붕어입니다. 산란기에 수컷은 몸색이 화려해지고 알과 새끼를 적극적으로 보호합니다.

02
03 붕어(02)와 납자루(03)입니다. 주남에는 수생식물이 풍부해 물고기들에게 좋은 보금자리가 됩니다.

드렁허리는 눈이 아주 작고, 몸이 뱀처럼 깁니다.
공기호흡을 하고, 자라면서 수컷이 암컷으로 성전환을 하는 특이한 물고기입니다.

　은어 역시 이곳에 서식하는 어류이지만 배스와 블루길 같은 외래 어종이 크게 늘어나면서 터전을 점차 잃어가고 있습니다.
　연어는 바다로 내려가 성장한 다음 강이나 하천으로 다시 돌아와 산란하고, 은어도 어릴 때는 연안에 살다가 봄철에 하천으로 거슬러 올라가 생활하며 산란기에는 강 하구로 내려가 알을 낳는 습성이 있습니다.
　우리나라 고유종인 쉬리는 수서곤충이나 작은 동물을 주 먹이로 하면서 바닥에 자갈이 많이 깔린 맑은 하천에 삽니다. 주남에서는 여울목 등지에서 간혹 볼 수 있습니다.

꺽지 산란장에 알을 낳는 돌고기입니다. 입 모양이 돼지 코와 비슷해서 예전에는 '돈(豚)고기'라고 불렸습니다.

돌고기는 바닥의 돌이나 바위틈에 산란하는데, 때로는 꺽지 산란장에 탁란하기도 합니다. 탁란이 새들의 전유물만은 아닌 셈이죠. 돌고기는 알을 지키고 있는 꺽지의 산란장에 재빨리 산란하고 달아납니다.

부성애가 강한 꺽지는 알과 함께 있기 때문에 지느러미로 부지런히 산소를 공급하면서 알의 부화를 돕는데, 이때 돌고기 알도 함께 부화합니다. 돌고기가 알을 낳을 때는 더러 꺽지의 먹이가 되기도 해서

돌고기와 닮은꼴 물고기인 참붕어입니다. 주둥이가 뾰족하고 머리가 작은 편입니다.

번식을 위한 물고기의 산란이 처절하기까지 합니다.

　미꾸라지과(科) 가운데 가장 머리가 작고 주둥이가 둥근 수수미꾸리도 주남을 지키는 물고기입니다. 짧은 입수염이 세 쌍 나 있는 수수미꾸리는 잡식성인데, 주로 부착 조류를 먹고 삽니다. 겨울철에 산란하는 특이한 습성이 있지요. 우리나라 고유종으로 낙동강 수계에 제한적으로 사는 것으로 조사되었습니다.

물고기의 다른 이름

다른 이름들과 마찬가지로 물고기 역시 표준어 말고도 각 지방마다 부르는 방언이 많습니다. 주남저수지 인근에 사는 주민들이 부르는 물고기 이름 중에서 가장 이름이 많이 붙은 종은 붕어와 피라미입니다.

이곳 주민들은 붕어를 붕애, 송어, 송애, 희나리, 하나리, 흰나리, 휘나리, 땅송어로 부르기도 합니다. 붕애나 붕어, 풍어와 같이 붕어라는 표준어와 엇비슷한 방언들은 전국적으로 나타나지만, 희나리나 송애처럼 송어 종류는 경상도 지방에서만 쓰입니다.

피라미는 피리, 피라미, 파랭이, 팔래미, 필이, 송사리, 갈파리, 먹지, 먹치라는 여러 이름으로 불립니다.

또한 뱀장어는 뱀장이, 뱀쟁이, 장어, 짱어, 짱애, 구무장어, 궁장어, 궁장아라고도 부르고, 참몰개는 보리피리, 보리고기, 새치니, 쌔치니, 정거리라고도 합니다.

이 외에도 수수미꾸리는 기름쟁이, 기름챙이, 기름탕구, 자갈미꾸라지로, 메기는 매미, 매거지, 메구, 미기, 물미기, 물메기로, 송사리는 눈챙이, 눈치, 밀챙이, 필챙이, 필쟁이로, 가물치는 가므치, 가므러치, 가물칭이, 치, 감시로, 꺽지는 꺽두기, 꺽두구, 꺽자구, 껍뚜기, 껍데기로도 불린답니다.

주남에 서식하는 블루길. 배스, 황소개구리, 붉은귀거북과 함께 수중 생태계를 교란시킵니다.

    주남의 수중 생태계를 교란하는 물고기는 배스(큰입우럭)와 블루길(파랑볼우럭)입니다. 이들은 번식력이 아주 강하기도 하지만 토종 물고기의 치어(稚魚 ; 어린 물고기)와 알을 잡아먹기 때문에 토종 물고기들이 서식하는 데 위협이 되고 있습니다.

    특히 1970년대 초에는 이곳에 붕어와 잉어 들을 많이 방류하면서 토종 물고기가 늘어났지만, 다시 1980년대 중반에 황소개구리를 방류해 수중 생태계의 교란과 파괴 문제가 불거졌습니다. 또한 2000년대 들어 수입 외래종인 배스와 블루길의 개체 수가 폭발적으로 늘어 종 다양성을 크게 위협했는데, 다행스럽게도 토종 물고기인 강준치와 끄리가 이들의 천적으로 작용해 먹이피라미드를 형성하고 있다는 분석도 나오고 있습니다.

08

들판을 가로지르는 고라니, 밤의 제왕 삵

포유류와 양서·파충류 08

주남저수지는 새들의 천국으로 알려졌지만, 그렇다고 해서 새들에게만 낙원인 것은 아닙니다. 이곳은 온갖 생물들이 균형과 조화 속에 상생하는 터전입니다. 삵(살쾡이), 고라니, 너구리, 족제비와 같은 포유류는 곡류를 포함해 새와 물고기, 곤충, 수생식물들을 먹이로 하고, 집쥐, 등줄쥐, 멧밭쥐와 같은 설치류는 쇠황조롱이, 말똥가리, 흰꼬리수리, 매처럼 육식을 하는 맹금류의 중요한 먹이가 됩니다.

노루보다 덩치가 작은 고라니는 주남에서 쉽게 관찰할 수 있는 동물이지요. 한낮에 들판을 가로지르는 고라니는 주남에 더욱 생명력을 불어넣어 줍니다. 너구리와 족제비도 개체 수가 많은 편이어서 각각 자기 새끼를 데리고 다니는 모습을 간혹 볼 수 있습니다. 이 밖에 두더지, 집박쥐, 고양이, 멧돼지, 청설모 들도 주남 언저리를 터전으로 삼고 있습니다.

주남저수지 갈대섬에서 어슬렁 걷고 있는 삵입니다. 삵은 주로 밤에 사냥하지만 가끔 낮에 먹이 사냥에 나서기도 합니다.

01 | 흔히 논개구리라고도 불리는 참개구리입니다. 수컷의 턱 양쪽에는 울음주머니 한 쌍이 있습니다.

03 | 오톨도톨 피부에 돌기가 많은 두꺼비가 드문드문 물풀들이 깔린 얕은 물가에 앉아 있습니다.

발가락 끝에 발달한 빨판을 이용해 청개구리가 바위를 기어오르고 있습니다.

양서류로는 개구리와 두꺼비, 황소개구리 3종이 조사되었고, 파충류로는 남생이, 붉은귀거북, 줄장지뱀, 무자치, 유혈목이, 살모사, 까치살무사 등 7종이 확인되었습니다.

파충류 중에서 이른바 청거북이라고도 불리는 붉은귀거북은 미국 미시시피 강이 원산지인데, 1990년대 초에 국내에 들여와 방생하면서부터 개체 수가 급격히 늘어서 이곳 수중의 무법자가 되고 있습니다.

우리나라 토종인 남생이는 붉은귀거북과 유사한 종인데, 2000년을 전후해 붉은귀거북에 밀려 개체 수가 크게 줄었고 이제는 찾아보기 힘들어졌습니다. 남생이는 6~8월에 물가의 모래나 펄에 구멍을 파고 5~6개의 황백색 알을 낳습니다. 이들은 수서곤충과 어류, 그리고 수생식물을 먹고 사는데, 성질이 온순해서 붉은귀거북에게 서식 공간을 내주고 말았습니다.

주남의 수중 생태계를 교란시키는 외래종을 꼽으라면 배스, 블루길, 황소개구리, 붉은귀거북, 이렇게 네 종을 들 수 있습니다. 그나마 멸종위기야생동식물 I급(무척추동물)인 귀이빨대칭이가 관찰되기 때문에 주남의 수중 생태계가 아직까지는 그런대로 건강하다는 것을 반증해 줍니다.

귀이빨대칭이는 민물에 사는 두껍질조개류 가운데서도 가장 대형종입니다. 껍질이 두껍고 검은색인 이 조개는 주남 인근의 낙동강과 우포늪에서도 서식하고 있는 것이 확인되었습니다.

또한 멸종위기야생동식물 II급(무척추동물)인 긴꼬리투구새우도 간혹 관찰되는데, 이것은 껍데기가 타원형의 투구 모양이고 몸은 원통형이며 앞부분이 넓고 납작합니다. 그러나 긴꼬리투구새우도 환경이 오염되면서 점차 찾아보기가 어려워졌습니다.

주남저수지에서 밤의 제왕은 뭐니뭐니해도 삵입니다. 이곳 주민들의 말에 따르면, 1990년대 초까지만 해도 삵을 자주 볼 수 있었지만 2000년대 중반 들어서는 거의 보기가 어려워졌다고 하네요. 설치류와 노루의 새끼, 멧토끼, 청설모, 조류 따위를 사냥하며 사는 삵은 주남에서 가장 무서운 포유류입니다. 간혹 낮에 삵이 새를 잡아먹는 모습이 목격되곤 하니까요. 이런 광경은 아프리카 세렝게티 평원이나 오카

01 | 보호야생동물로 지정되어 있는 까치살무사는 머리 모양이 삼각형입니다. 독성이 강하고 도마뱀이나 개구리를 잡아먹고 삽니다.

02 | 주남에서 쉽게 볼 수 있는 청설모입니다. 도토리를 주식으로 하고 있고 나무껍질도 잘 먹지요.

두 갈래 혀, 소식하는 뱀

숲이나 바다, 사막 어디서나 사는 뱀은 지구상에 2700여 종이 분포합니다. 대부분은 열대우림 지역에 서식하고, 태어남과 동시에 사냥을 할 정도로 먹이를 귀신같이 찾아냅니다. 또한 뱀은 변장과 기습의 명수이며 하늘을 나는 것도 있습니다.

세상에서 가장 작은 뱀이 장님뱀이라면, 아나콘다는 가장 큰 뱀으로 몸길이가 10미터, 몸무게는 200킬로그램 되는 것도 있다고 합니다. 뱀은 도마뱀처럼 팔다리가 있었지만 진화하면서 팔다리가 퇴화했다고 합니다. 숲에서는 팔다리가 없는 것이 풀숲을 헤치며 다니는 데 도움을 주기 때문이지요.

아프리카에 서식하는 블랙맘바는 세상에서 가장 빠른 뱀으로 알려져 있는데, 시속 23킬로미터까지 달릴 수 있다고 합니다. 사람보다 더 빠른 속도이지요.

바다뱀은 모두 맹독성이고, 수색뱀은 하늘을 날 수 있으며, 방울처럼 소리를 내는 방울뱀은 대각선 방향으로 움직입니다.

뱀의 후각은 혀를 통해 뇌로 전달되는데, 혀가 두 갈래로 갈라져 있는 이유도 냄새를 입체적으로 파악하기 위해서라고 합니다.

뱀은 자주 먹지 않아도 오래 견디며 살 수 있는데, 한 번 먹이를 삼키면 짧게는 일주일에서 길게는 한 달까지 그 자리에서 버팁니다. 같은 포유류에 비해 20만 분의 1만 먹어도 살 수 있다고 하네요.

주남에는 붉은귀거북이나 살모사 같은 파충류들도 터를 잡고 삽니다. 이들 중에 줄장지뱀은 코앞에서부터 뒷다리까지 흰색으로 줄이 나있어 줄장지뱀이라는 이름이 붙었습니다.

방고 습지에서나 볼 수 있습니다. 그만큼 주남에는 새가 많고, 포유류를 포함한 동식물들이 서식하기 좋은 환경을 갖추고 있습니다.

고양이과에 속하는 삵은 주로 밤에 먹이 사냥을 하지만, 낮에 사냥을 할 때는 은밀한 곳에 숨어 있거나 새가 있는 곳으로 소리 없이 접근해서 기습적으로 공격을 합니다.

09 수수만년 이어가야 할 자연유산

인간의 환경 파괴 09

인간 위주의 무분별한 개발과 자기 중심적인 사고는 아름다운 주남을 위협하는 요소가 됩니다. 자연은 인간들만의 것이 아니라 모든 생명체들이 공존하는 곳입니다. 실상 현대인들이 지금처럼 제멋대로 개발하고 환경을 훼손할 권리는 없는 것이지요.

해질녘 주남에서 차분히 내려앉은 해를 등진 조각배. 그 앞으로 감미로운 물살을 탄 새들이 떠돌고 있습니다.

따라서 뭇 생명체들이 아무런 방해를 받지 않고 살아갈 수 있는 환경을 조성하는 것이 우리들의 몫이라고 할 수 있습니다. 그러면 그들은 더 아름다운 모습으로 우리에게 다가올 것입니다.

자연 생태계의 보고인 주남의 자연 환경을 보호하기 위해서는 먼저 이곳을 철새보호구역으로 묶어 새들에게 안정적인 서식지와 월동할 공간을 만들어 주어야 한다고 생태 전문가들은 말하고 있습니다.

이곳을 철새보호구역으로 지정하는 데 따른 주민들의 피해는 국가와 지방자치단체에서 당연히 보상해 주어야 할 것입니다. 가장 안타까운 장면은 겨울철에 보리농사를 짓는 마을 주민들이 보리밭 군데군데에 장대를 세우고, 비닐과 줄 따위를 치는 등 새들을 쫓아내기 위한 장치를 하는 모습입니다. 물론 이런 행위는 애써 지은 농사를 지키려는 처절한 몸짓이기도 합니다. 이는 새들의 먹이 공간과 인간의 생계 공간이 맞닥뜨려 일어나는 갈등입니다.

때문에 2003년부터 환경부와 경상남도, 창원시가 대안 마련에 나섰습니다. 보리농사를 짓되, 수확을 하지 않고 새들의 먹이가 되도록 하는 것입니다. 주민들의 농사일에 대해서는 환경부와 해당 도나 시에서 보상해 주죠. 매우 진보적인 환경정책입니다. 그러나 환경전문가들은 새들의 먹이 공간을 더욱 넓히고, 일부 지역은 이주 조치를 취해서라도 새들에게 안정적인 서식 공간을 마련해 줘야 한다고 말합니다.

새들을 배려하지 않은 정책의 대표적인 사례는, 새들이 머무는 곳 인근에 아파트 건설 허가를 내준 것입니다. 밤에 아파트에서 새어나오는 불빛은 새들의 수면을 방해합니다. 고기잡이를 허가해 준 것도 마찬가지입니다. 어부들에게는 마땅히 완전 보상을 해주면서 어로 행위는 막아야 한다는 것이 환경 전문가들의 주장입니다. 굳이 고기잡이를 허용해야 한다면 극히 일부 지역에서만 동력선이 아닌 장대 나무배를 이용한 고기잡이로 제한해야 한다고 말합니다.

뱃전을 두드려 숨어 있는 물고기를 쫓아내 그물로 잡는 어획 방법은 새들의 휴식 공간을 앗아갑니다. 요란한 소리를 내며 가는 동력선

01 | 주남의 심장이라 할 수 있는 생태학습관 전경입니다.
02 | 주남에서 어부들이 고기잡이를 하고 있습니다.
03 | 주남 생태학습관을 찾은 청소년들이 선생님의 이야기에 귀를 기울입니다.

지구 생태계 60% 고갈

1986년 우크라이나의 체르노빌 원자력발전소 사고, 1984년 인도 보팔의 살충제 제조공장 유독가스 누출 사건, 2002년 스페인의 원유 누출로 인한 해양오염 등 지구촌에는 환경오염 사고가 잇따르고 있습니다.

북극의 화학물질 오염, 중국의 양쯔강 오염, 아프리카 전역의 살충제로 인한 토양오염, 미국 멕시코 만 연안의 생태계 파괴 등으로 현대에 들어서 지구촌 생태계는 근 50년 동안 몸살을 앓으며 급격히 망가지고 있습니다.

유엔(UN)의 밀레니엄 생태계 평가보고서에 따르면, 지구 생태계 자원은 이미 60퍼센트가 고갈되어 악화되고 회복 불능 상태에 처해 있다고 합니다. 과학자들은 2100년께에는 지구 온난화로 인해 해안선이 상승하고 동식물의 서식지 환경이 변화되어 생태계가 크게 파괴됨으로써 말라리아와 콜레라의 발병 위험이 높아지고, 신종 질병이 속속 생겨날 것이라고 경고합니다.

은 소리에 민감한 새들, 특히 가창오리에 큰 위협이 됩니다.

일부 지역에서 이루어지는 낚시도 이곳의 환경을 훼손하는 행위입니다. 또한 인근 지역 논과 밭에 뿌려대는 농약은 수중 생태계를 해치기 때문에 유기농업의 필요성도 절실합니다. 환경 전문가들은 이곳 농민들에게 제초제나 화학비료를 쓰지 않는 유기농법을 유도하고, 수확량이 줄어드는 부분에 대해서는 국가가 보상해 주는 제도적인 장치를

주남저수지 전망대 부근 둑에 몰려든 탐조객들. 주남의 겨울은 각지에서 모여든 탐조객들로 떠들썩합니다.

마련하는 일이 시급한 현안이라고 입을 모읍니다.

　겨울철에는 철새를 보기 위한 탐방객들로 몸살을 앓습니다. 심한 경우는 대형 버스를 포함해 하루 200여 대 차량이 한꺼번에 몰려드는 바람에 길이 막히고, 철새들은 경적 소리에 놀라 달아나기도 합니다. 주남저수지를 현 상태로라도 유지시킬 수 있으려면, 그래서 드물게라도 지금처럼 이곳을 탐방할 수 있으려면 사람과 차량의 출입을 제한하고 저수지와 사람이 다니는 길 사이에 생태숲을 조성함으로써 더 이상 새들이 머물 곳을 빼앗거나 방해를 받지 않도록 하는 노력이 따라야 합니다.

10 주남 통신의 보도 '여기는 철새들의 이동 통로'

멸종 위기에 처한 새 10

수컷의 머리에 태극무늬가 선명해 태극오리라고도 불리는 가창오리 무리들에게 주남은 매우 중요한 월동지입니다. 그러나 주남저수지는 창원시와 경남 지역에 살고 있는 주민들에게만 중요한 곳이 아니라, 국가적으로 나아가 국제적으로도 보호받아야 할 소중한 습지입니다. 그 첫 번째 근거로는 주남이 철새들이 거쳐 가는 곳으로서 지구상에서 생태학적으로 긴요한 자리라는 점을 들 수 있습니다. 새들의 터전을 지키고 환경을 보전하는 일은 반도체나 생명공학을 발전시키는 것 못지않게 중요한 국가 시책이 되어야 한다고 생태 전문가들은 말합니다.

특히 주남은 사계절 풍부한 먹이가 있고 서식 공간이 넓어 먹이 사냥이 수월하기 때문에 검독수리, 독수리, 매, 말똥가리, 참수리, 물수리, 쇠황조롱이, 흰꼬리수리, 흰죽지수리 같은 사라져 가는 맹금류가 그 본연의 모습으로 살아갈 수 있는 절박한 근거지입니다.

철새들의 정거장인 주남에서 가창오리와 고니 떼가 이동하고 있습니다. 이곳에서 관찰되는 멸종 위기 조류만 해도 23종에 달합니다.

01 거대한 날개를 수평으로 펼치고 비행하는 흰꼬리수리. 천연기념물 제243호로 환경부에서 지정한 멸종위기야생동식물 I급이면서 세계적으로도 멸종 위기에 처한 맹금류입니다.

02 부리가 날카로운 수릿과에 속하는 말똥가리. 단독생활을 하는 이 새는 시력이 아주 발달해서 멀리서도 쥐들을 감지해서 사냥합니다.

냄새를 신호로 대화를 엿듣는 식물들

식물은 귀로 소리를 듣는 것이 아니라 냄새를 통해 신호를 전달받는다는 사실이 확인되었습니다.

미국 코넬대학교의 생태학자 앤드리 케슬러 교수는 야생 담배가 산쑥끼리 주고받는 냄새 신호를 감지해 벌레의 공격에 대비한다는 사실을 밝혀냈습니다. 산쑥은 벌레에게 파먹히면 공기 중에 특이한 냄새를 풍겨 동료들에게 벌레의 존재를 알린다고 하네요. 그러면 동료들은 즉각 체내에서 특정 화합물을 분비해 벌레의 접근을 막습니다.

흥미로운 사실은, 주변에 서식하는 야생 담배가 이 냄새를 맡고 비슷한 방어 메커니즘을 작동시킨다는 것입니다. 또한 야생 담배는 벌레가 가까이 다가올 때까지 기다렸다가 방어를 시작함으로써 에너지를 최대한 아낀다고 합니다.

예로부터 새는 하늘과 지상을 잇는 통로라고 여겼습니다. 때가 되면 찾아오는 철새는 약속을 지키는 신의의 상징으로 여겼고요. 이들의 보금자리인 180만 평 드넓은 주남저수지는 거대한 생태 학습장입니다.

사람들은 이곳의 생태를 접하면서 있는 그대로의 자연이 얼마나 심성을 맑게 하는지, 나아가 인간이 왜 자연 앞에 겸허하고 감사해야 하는지를 깨닫게 됩니다.

그들과 함께 호흡한 세월, 영원한 삶의 터전

주남 사람들의 삶과 애환 11

이곳에 산업화가 이루어지기 전까지만 해도 주남 인근에 사는 주민들은 농업을 생업으로 해왔지만, 1990년대부터 축산업과 제조업이 성행하고 있습니다.

주남이 위치한 경상남도 창원시 동읍과 대산면, 그리고 인근인 북면의 토지 이용 현황(2006년 기준)을 보면, 총 면적 1만 6729헥타르 가운데 농경지, 과수원, 임야가 78.6퍼센트라고 합니다. 이 가운데 37.3퍼센트 가량이 논과 밭이고, 50가구에서 소와 돼지, 닭, 개, 오리 등 가축을 사육하고 있습니다. 그러나 축산업은 주남저수지의 수질을 오염시키고 있어 오염 방지를 위한 대책과 시설 개선이 적극적으로 이루어져야 할 형편입니다. 더욱이 주남 주민들의 농업 형태도 점차 고소득 작물인 비닐하우스 재배로 옮겨가고 있어 그에 따라 철새들의 먹이 공급처도 줄어드는 추세입니다. 따라서 바로 지금 급박하게 필요한 일은 주남에 오래도록 살아왔고 살아가야 할 사람들이 철새로 인해 어

마을 어린이들이 주남저수지 둑 부근의 황금 들녘과 메밀꽃이 만발한 밭을 거닐고 있습니다.

천연기념물 제201-2호인 큰고니는 겨울을 나기 위해 이곳으로 날아듭니다. 백조로 알려진 순백의 큰고니들이 자리를 차지하면 주남은 백조의 호수가 됩니다.

떤 피해와 고통을 받고 있는지부터 면밀히 파악한 후에 그에 따른 적절한 대책을 세우는 것입니다.

농업과 축산업 외에 고기잡이로 생계를 이어가는 주민들도 있습니다. 수질이 오염되지 않고 주변 환경이 좋을 때는 '물 반, 고기 반'이라는 말이 있을 정도로 물고기가 많았지만 수질이 나빠지고 황소개구리며 배스, 블루길, 붉은귀거북 따위 외래 도입종들이 물속을 점령하면

철새 탐조를 하며 환하게 웃고 있는 일가족과, 탐조대에 올라 망원경을 통해 철새들을 관찰하는 여행객들.
추위도 아랑곳하지 않는 탐조는 겨울 레포츠로 자리 잡고 있습니다.

어미가 새끼에게 먹이를 주고 있는 쇠물닭. 배는 흰색이고 머리는 검으며 부리는 붉은색입니다. 물닭이 텃새인 반면 쇠물닭은 여름 철새이지만, 이곳에 텃새로 사는 쇠물닭도 있습니다.

서 생태계 균형이 깨지고 물고기도 크게 줄었다고 합니다. 1990년대 초반까지만 해도 논우렁이가 많아 주민들에겐 웬만한 논농사나 밭농사보다 나았으나 최근 들어 농약과 오염 등으로 그 수가 줄어들어 주민들을 안타깝게 하고 있습니다.

몰려드는 탐방객들이 버리고 가는 쓰레기도 이곳 주민들을 곤란하게 합니다. 탐방객들이 오고 갈 때마다 곳곳에 버려진 음식물이나 캔, 유리병 따위로 이곳 주민들은 도시민들에게 상당한 거부감을 갖고 있습니다. 주남을 친환경적인 생태 공간으로 조성하는 과정에서 반드시 고려되어야 할 점은 이곳에 사는 주민들의 삶을 함께 배려해야 한다는 것입니다. 이제까지는 개발이란 명목 아래 결국 주민들을 쫓아내고 그 자리를 거대 자본이 차지하는 방식이 대부분이었다면, 앞으로는 그처럼 지역 주민을 외면하던 개발 방식을 버리고 방문객과 주민들이 함께 하면서 주민 소득을 고려한 시책이 뒤따르기를 기대해 봅니다.

기차로 버스로 승용차로… 그곳에 가고 싶다

주남으로 가는 길 12

주남이 어떤 곳인지 대략 소개를 했으니 이제 그곳으로 가는 길을 안내해 드리겠습니다. 도로가 막힐 염려 없이 갈 수 있는 손쉬운 방법은 기차겠지요. 기차표를 예매하신다면 경전선을 타고 창원역에서 내리세요. 그리고 20분마다 서는 마을버스 1번을 타면 주남저수지 입구에 닿습니다.

밀양역에 도착하기 전의 KTX. 메밀꽃 밭 너머로 힘차게 달리는 고속열차가 주남으로 여행을 떠나라고 재촉하는 듯합니다.

승용차로 움직인다면 남해고속도로 동창원 나들목을 나와 좌회전해서 5킬로미터 정도 들어가면 됩니다.

버스로는 창원에서 갈 경우 30번, 31번, 32번이 주남저수지 입구 가월마을까지 갑니다. 소요 시간은 10분 안팎이고요.

마산에서는 42번 버스가 주남의 입구까지 갑니다. 출발하기 전에 주남저수지 생태학습관(055-212-4950)과 주남저수지 전망대(055-212-4951)로 연락해 철새의 월동 현황이나 여름 수생식물 정보를 듣고 간다면 더없이 알찬 여행을 즐길 수 있답니다.

생태학습을 위해 주남을 찾은 사람들이 멀리 새들을 관찰하고, 생태학습관에서 선생님의 설명도 들으며 새들을 위해 먹이도 뿌려 놓습니다.

13

한국의 이즈미로 꽃피우다

미래를 보는 희망 13

세계 두루미의 90퍼센트를 차지하는 흑두루미와 재두루미를 포함하는 2만여 마리 새들이 일본의 이즈미〔和泉〕시에서 겨울을 납니다. 10월 말부터 해마다 날아드는 세계 최대의 두루미 집단 월동지를 구경하기 위해 각국에서 많은 사람들이 이즈미 시로 몰려듭니다. 학자들은 새들의 천국인 주남을 이즈미 시처럼 '새들의 땅'으로 만들 수 있다고 말합니다. 이집트의 피라미드, 그리스의 파르테논 신전, 인도의 타지마할, 중국의 만리장성 같은 이렇다 할 관광 명소가 없는 우리로서는 동양 최대의 철새 월동지인 주남을 시적 감수성이 넘쳐나는 생명의 땅으로 발전시켜 나가야 한다는 것이지요.

수천 마리의 두루미가 우아한 자태를 뽐내고, 가창오리 떼가 해질녘 하늘을 뒤덮어 구름처럼 두둥실 떠다니며, 도요새와 물떼새가 겁 없이 물가를 한가롭게 거니는 모습을 우리는 물론 후손들도 볼 수 있도록 한다면 정말 행복한 일이겠지요.

해가 서산으로 넘어갈 즈음 떼 지어 날아가고 있는 흑두루미. 수녀복을 입은 듯한 흑두루미는 일본 이즈미로 날아가기 전 300~400여 마리가 주남을 거쳐 갑니다.

봄가을에 이동하는 희귀새인 장다리물떼새 한 쌍이 주남에서 한가로이 쉬고 있습니다. 빨간 장화를 신은 듯한 이 새의 다리는 유난히도 깁니다.

그렇다면 주남을 생명체들의 영원한 안식처로 만들기 위해서는 어떻게 해야 할까요. 무엇보다도 이곳을 지속 가능한 '살아 있는 자연사박물관'으로 키워야겠다는 해당 지방자치단체의 결연한 의지와 노력이 선행되어야 합니다. 미래학자들은 "역사는 그 사람에 대해 한 가지만 기억한다."라고 말합니다. 링컨은 흑인을 해방시킨 대통령, 레이건은 냉전을 종식시킨 사람, 광개토대왕은 대륙을 정복한 왕 같은 식으로 기억한다는 것입니다.

생태 전문가들은 해당 지방자치단체인 경상남도와 창원시에서 이곳을 후손들에게 부끄럽지 않은 자연 생태계의 보고로 만들려는 큰 구상을 해야 한다고 말합니다. 저수지 주변의 땅을 매입하고, 인근에 있는 공장과 축사, 식당에 대해서는 보상과 이주를 서두르며, 주남저수지를 가로지르는 도로는 폐쇄하거나 우회 도로를 개설하는 등 굵직한 현안들에 대해 팔을 걷어붙인다면 의미 있는 일이 될 것입니다.

특히 주남을 가로지르거나 부근을 지나는 도로는 새들의 서식지와 월동지를 결정적으로 파괴합니다. 저수지에서 적어도 100미터 정도까지는 도로를 놓아서는 안 된다는 것이 전문가들의 지적입니다. 새들에게 불안감을 주니까요.

우회 도로를 만들거나 기존 도로를 폐쇄하는 일이 곤란하다면, 그 대신 저수지와 도로변 사이에 완충 역할을 할 수 있는 수벽(나무벽)을 조성하는 것이 중요합니다.

현재 주남저수지는 한국농촌공사가 관리하고 있는데, 이에 대한 관리권을 환경부로 넘기거나, 적어도 환경부와 공동 관리하는 방안을 모색해야 한다고 생태학자들은 말합니다. 또한 이곳에서 어로 행위를 하는 것은 완전 보상 후 완전 철거가 뒤따라야 한다는 지적도 나오고 있습니다. 고기잡이를 하기 위해 쳐놓은 그물은 물새들의 팔목을 옥죄는 무서운 살상 무기가 되기 때문에 저수지 내에서 이루어지는 어로

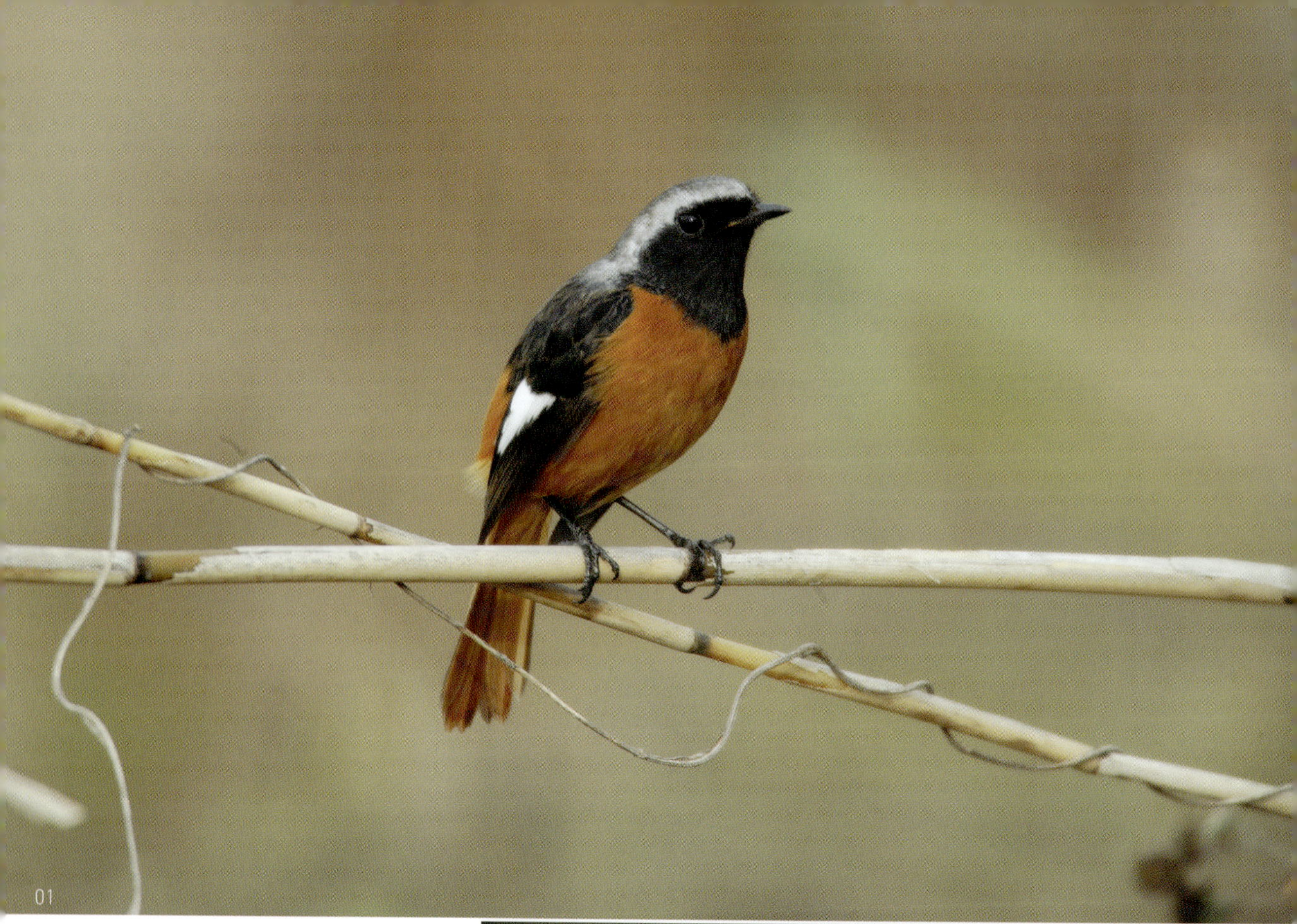

01

02

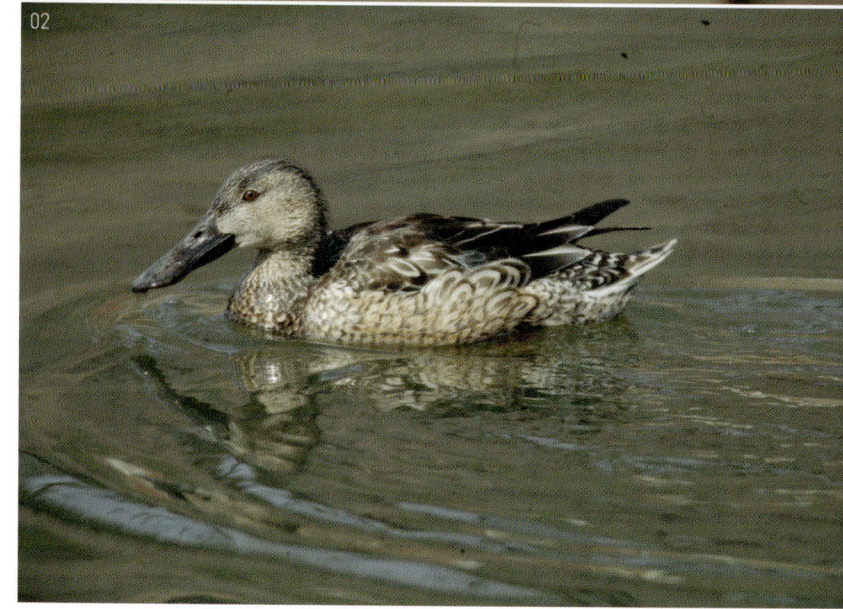

01 한국의 텃새인 딱새는 민가에 둥지를 틀기도 합니다. 앉아 있을 때 머리와 꽁지를 위아래로 흔들면서 '딱딱' 소리를 냅니다.

02 넓적부리가 유유히 물 위에서 노닐고 있습니다. 넓적부리는 그 이름처럼 부리가 크고 넓어서 그것으로 물을 퍼올려 먹이를 걸러 먹습니다.

행위는 완전히 근절하는 것이 좋습니다. 그렇게 되면 물고기가 더 많아지고, 이를 먹이로 하는 새들도 늘어날 것입니다. 예전에 보곤 했던 수달도 돌아올 테고요. 만약 수달이 다시 나타난다면, 이는 그 자체로 주남의 생태계가 되살아났다는 상징적인 일이 될 것입니다.

수중 생태계의 무법자 배스와 블루길, 황소개구리, 붉은귀거북 같은 외래종을 줄이기 위한 운동이나 퇴치 사업도 건강한 생태계를 유지시키기 위한 좋은 방안입니다.

우리나라에 아직 한 곳도 없는 철새 공원과 철새 박물관을 만들어 청소년들에게 소중한 학습장으로 쓰는 것 역시 주남을 보존하고 활용하는 방법 중 하나가 될 수 있습니다.

주민들이 재산권 행사와 농작물 보호에 걸림돌로 여기고 있는 철새에 대해 적개심을 갖지 않도록 정부와 지방자치단체 차원에서 농작물 피해 보상을 해주는 등 근본적인 대책을 마련하는 일도 시급한 과제입니다.

다시 말하면, 우리나라 내륙습지 중 주남저수지에 철새가 가장 많이 날아드는 것이 자랑거리가 되고, 철새들로 아름다운 생태 관광지가 되어 소득이 증대된다는 점을 인식시키기 위해서는 주민들에게 많은 혜택이 돌아가야 한다는 것입니다.

일본의 이즈미나 쿠시로 습지, 독일의 갯벌국립공원, 홍콩의 마이포 습지, 호주의 분달늪, 케냐의 세렝게티 평원이 생태 관광지로 각광을 받는 것처럼 주남을 인근의 우포늪, 낙동강 하구와 함께 국내 최대의

쇠기러기 떼가 맑은 하늘을 가르며 날아갑니다. 이들은 집단으로 이동하면서 밤에는 주로 먹이를 찾고 낮에는 한적한 곳을 찾아 쉬는데, 이때 무리 중 한 마리가 따로 보초를 보기도 한다네요.

물 깊이에 따라 다른 먹이 사냥

천연기념물 제203호인 재두루미는 다리와 부리가 길어서 물가나 약간 깊은 곳에서 먹이를 찾고, 다리가 짧은 오리 중 발가락에 물갈퀴가 있는 흰죽지, 댕기흰죽지, 흰뺨검둥오리 들은 깊은 곳에 잠수해서 작은 물고기나 곤충을 잡아먹습니다.

잠수를 못하는 청둥오리, 고방오리, 청머리오리, 홍머리오리, 쇠오리, 쇠기러기, 큰기러기, 그리고 천연기념물 제201호인 백조(고니, 큰고니, 흑고니)들은 자기의 목 길이와 물속의 깊이에 따라 물풀을 찾아 뜯어 먹습니다. 천연기념물 제205-1호인 저어새와 천연기념물 제205-2호인 노랑부리저어새는 구두주걱처럼 생긴 부리를 좌우로 저어서 부리 끝에 닿는 먹이를 잡아먹어요.

물에도 못 들어가고 다리고 짧은 도요새나 물떼새 종류는 물가를 다니며 작은 먹이를 찾습니다.

생태 관광지로 개발하면 국민들의 정서 함양은 물론 지역 경제를 활성화시키는 데도 도움이 될 것입니다.

철새 도래지에 대한 보호 정책이 잘 이루어지면, 단시간에 사람과 새가 친숙해지고 일본 이즈미 시처럼 사람이 주는 먹이를 야생의 새들이 몰려와 받아먹는 모습을 주남에서도 볼 수 있을 것입니다.

14

람사습지 등록과
습지보호구역

법적 장치의 필요성 14

주남을 자연 생태계의 보고로 만들기 위해서는 이곳을 법적으로 보호받도록 해야 합니다. 주남저수지를 주변 농지를 위한 농업용수로만 사용하는 것은 어리석은 짓이며, 생태학적 가치를 국내외로부터 인정받기 위해서는 법적 장치부터 마련해야 한다고 입을 모으고 있어요. 습지보호구역, 자연생태계보전지역, 천연기념물, 철새보호구역 들로 지정하는 것이 바람직하다는 것입니다.

동판 저수지의 연밭. 한여름 주남의 수면은 온통 물풀로 뒤덮여 장관을 연출합니다.

아무런 법적, 제도적 장치를 하지 않을 경우 주남의 내일은 공장과 축사로 인한 환경오염, 무분별한 건축 행위로 경관이 망가지고 환경이 크게 파괴될 것이 뻔합니다.

경남 창원시는 2008년에 열릴 람사총회를 앞두고 주남저수지 이름을 시민들의 여론을 수렴하여 다시 정하기로 하고, 2006년 기존의 주남저수지, 주남호, 주남늪, 주남지 네 개를 공모했습니다. 그러다가 일부 시민들에게 기존의 이름을 쓰는 것이 좋다며 불필요한 공모를 한

가을이 찾아온 동판 저수지 풍경. 주인을 기다리는 배 두 척이 어깨를 맞대고 있습니다.

다는 빈축을 사자 주남저수지에 대한 개명은 없었던 일로 된 것이지요.

그러나 생태 전문가들은 저수지는 전국 어디에나 있고 생태학적 가치가 없는 것처럼 느껴지는 데다, 국제적으로도 람사총회 개최지(우포늪, 주남저수지)로서의 면모를 새롭게 하기 위해서는 주남늪이나 주남호 등으로 명칭을 변경할 필요가 있다는 입장입니다.

철원의 두루미축제, 천수만의 철새축제, 군산의 철새페스티벌처럼

해가 뜰 무렵 붉은 물감을 흩뿌린 듯한 주남의 하늘 멀리 이름 모를 새들이 날아갑니다.

주남에도 철새축제가 열리기를 기대하는 사람들이 많습니다. 이런 문화 행사들은 마을 주민들에게는 소득을 향상시키고, 청소년과 시민들에게는 정서 함양에 도움을 주는 것은 물론 주남이 생태학습장으로서 자리 매김하는 데 큰 역할을 한다는 것입니다.

15

사계절 진풍경의 재발견

주남 팔경 15

생물 종 다양성이 풍부해 생태학적으로 중요한 가치를 지니는 주남은 겨울엔 가창오리 떼의 비상이, 봄엔 왕버들과 수양버들 군락이, 여름엔 초록으로 뒤덮은 가시연 군락이, 가을에는 일출과 일몰이 특히 빼어나 볼거리가 많습니다.

이처럼 천의 얼굴을 지닌 주남의 내밀한 아름다움을 보기 위해서는 사계절을 모두 둘러봐야 합니다.

그래서일까요? 주남 팔경(八景)을 선정하기란 쉽지 않았습니다. 생태 전문가와 마을 주민, 시인, 사진작가, 그리고 이 지역 사학자들의 의견을 모아 2006년 10월 '주남 팔경'을 뽑아 보았습니다.

주남의 봄을 깨우는 것은 수양버들과 왕버들, 내버들에 물이 오르는 것입니다. 물가의 버드나무류에서 생명이 움트고 가지마다 파란색으로 변하면 주남에는 봄의 합창이 울려퍼집니다. 노랑어리연꽃 같은 수생식물과 물가의 자운영들도 다투어 잎을 틔우고 꽃을 피웁니다.

주남 팔경 가운데 하나로 꼽히는 주남돌다리. 주천강의 갈대숲과 어우러져 자연유산과 인류 문화유산이 하모니를 이룹니다.

주남 팔경

계절별	경치명	지 역	관전 포인트
봄	왕버들, 수양버들 군락 주남돌다리(주남새다리)	동판 저수지 주남저수지 옆 주천강	동판 저수지 한바퀴 갈대숲과 어우러진 광경
여름	초록의 융단 가시연 군락	주남저수지 일원 주남 및 동판 저수지	수생식물 관찰 잎과 꽃의 자태
가을	해넘이와 해돋이 물안개와 풀벌레 소리	주남 생태학습관 앞 주남·동판·산남 저수지	삶의 활력, 인생의 무상함 신비감 극치, 곤충의 합창
겨울	가창오리 떼 비상 재두루미, 노랑부리저어새	주남 및 동판 저수지 주남·동판·산남 저수지	생명의 소용돌이 철새의 우아한 자태

01

동판 저수지에서 볼 수 있는 수양버들 군락과 왕버들 군락을 보지 않고서는 주남을 다 보았다고 말할 수 없습니다. 봄을 더 빨리 느끼고자 한다면 주남보다는 동판으로 먼저 찾아가 보세요. 그 경이로운 생명의 위대함에 입을 다물지 못한답니다. 저수지 둘레마다 드리워진 버드나무는 수변 공간을 더욱 풍요롭게 하고요.

봄에 가볼 만한 다른 곳을 하나 더 소개하자면, 주남(注南)돌다리(문화재자료 제225호)를 빼놓을 수 없지요.

주남을 다녀간 사람들도 잘 모르는 비경인 주남돌다리는 동읍과 대산면의 경계를 이루는 주천강(注川江)에 놓여 있습니다. 이 다리는

01 | 자운영은 적당히 시들었을 때 논에 뿌리면 기름진 땅을 만들어 줍니다. 꽃에서는 꿀이 나고, 해독 작용도 하지요.

02 | 개구리밥은 물 위를 떠다니며 사는 특성 때문에 '부평초'라는 이름도 있습니다. 꽃잎이 없어서 알아보기 힘들지만 7, 8월에 꽃을 피우고 홀씨로 번식합니다.

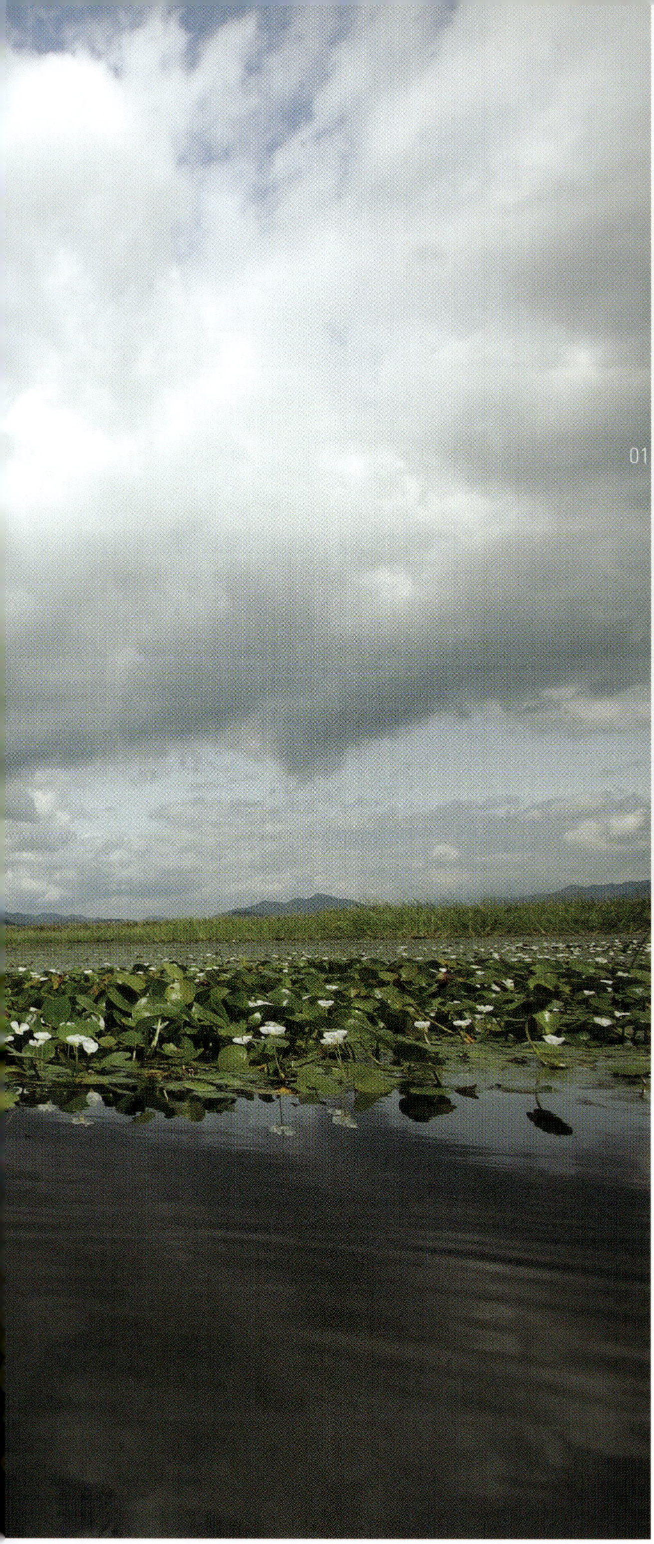

01

02

03

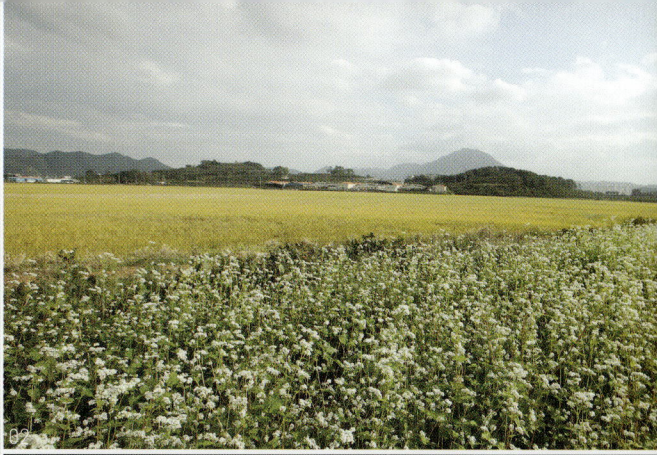

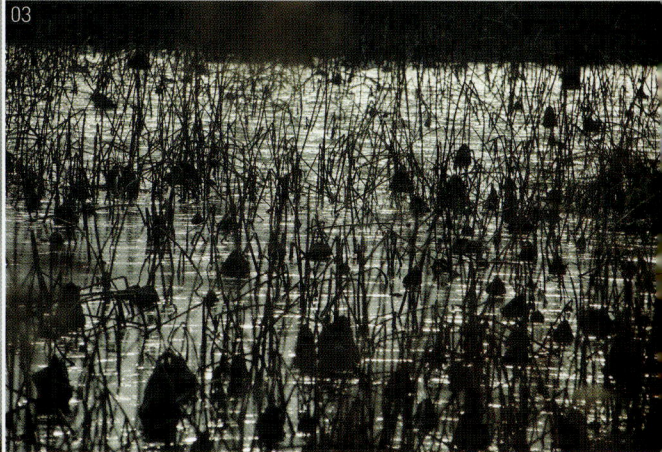

주남의 여름(01)과 가을(02), 그리고 겨울(03) 풍경입니다. 계절마다 다른 색으로 물들며 개성을 내뿜는 이곳의 장관을 통해 거대한 자연의 시곗바늘을 가늠할 수 있습니다.

01 | 가시연이 그 넓고 큰 잎에서 가시방석을 힘겹게 뚫고 나온 듯 보랏빛 꽃을 피우면 사람들은 이 장면을 눈에, 마음에 담아가려 하염없이 바라봅니다.

02 | 어리연꽃은 물 위에 누워 있는 잎이 하트 모양을 하고 있고, 흰 꽃잎은 표면에 하얀 솜털이 나와 있습니다.

'주남새다리'라고도 불리는데, 새다리라는 이름에 대해서는 날아다니는 새를 일컫는다는 것과, 새롭다는 의미로 붙여졌다고 하는 두 가지 설이 있습니다.

800년 전 강 양쪽의 주민들이 인근인 창원 시내 봉림산(이른바 정병산)에서 길이 4미터가 넘는 자웅석(雌雄石)을 옮겨와 다리를 놓았다는 전설이 전해 오고 있습니다. 양쪽 마을은 동읍의 판신마을과 대산의 고동포마을로, 새봄에 4미터 정도 되는 이 돌다리와 파란 새싹들이 어우러질 때면 과거로 여행을 떠나는 듯합니다. 이 돌다리를 놓은 기법은 우리나라 어디에서도 찾아볼 수 없어 학자들도 많은 관심을 나타내고 있어요. 주남돌다리는 주남의 주 수문에서 700미터 지점에 있습니다. 생태학습관에서는 1.5킬로미터 정도 떨어져 있어요.

여름에 주남을 찾으신다면 수면을 온통 뒤덮은 초록 융단과 물풀의 왕 가시연의 장관을 보아야 합니다.

주남의 생태학습관과 동판 및 산남 저수지를 빙 돌아보면 온통 수생식물 천국입니다. 어리연꽃, 마름, 생이가래, 개구리밥, 물옥잠 들이 수면을 가득 뒤덮어 마치 풀밭을 연상시킵니다. 무더위가 기승을 부리는 8월, 주남 곳곳에서는 물가에서 모든 연꽃의 으뜸으로 치는 가시연이 장관을 이룹니다. 지름이 최고 2미터가 넘는 가시연은 우리나라 식물 중 가장 잎이 크답니다. 열대우림의 늪이나 아프리카 오카방고(Okavango) 습지에서나 볼 수 있는 거대한 잎이 수면에 떠 있는 모습은 여름을 더욱 싱그럽게 합니다. 자주색 꽃은 동양적인 아름다움을 지닌 여인처럼 꽃이 15도 정도 벌어져 신비감을 더해 줍니다.

주남 팔경 목록에 나온 것처럼 이곳의 가을은 시심(詩心)을 자극할 만큼 일출과 일몰 풍경이 빼어납니다. 흔히 일출과 일몰은 바닷가에서 보는 것이 제격이라고 생각하겠지만, 내륙습지에서 보는 일출과 일몰은 바다에서 보는 것과 또 다른 열정과 비감을 자아냅니다.

드넓은 수면과 색색의 산이 어우러진 가운데 해가 떠오르는 모습은 일출이 가져오는 또 다른 황홀경이요, 해질녘 노을이 수면을 물들이면 한 폭의 그림이 됩니다.

가을밤 주남에 서 있으면 수많은 풀벌레 합창이 도심에서 찌든 무겁고 어두운 그림자를 죄다 걷어냅니다. 반딧불이가 빛을 발하고, 귀뚜라미며 쌕쌔기, 방울벌레가 모여 합창하는 자연의 오케스트라가 연주하는 웅장한 하모니가 시작됩니다. 가을 달밤과 수면과 풀벌레 소리. 모두 우리의 오감을 자극하는 요소들입니다.

가을 아침이라면 물안개의 신비를 빼놓을 수 없습니다. 낮과 밤의 기온차가 심한 이른 아침, 물안개는 주남을 태고적 분위기에 젖게 합니다.

5미터 앞을 분간하기 어려울 정도로 물안개가 드리운 모습은 때 묻지 않은 원시 그대로의 자연을 실감하게 합니다.

겨울 주남의 진풍경은 뭐니 뭐니 해도 하늘을 뒤덮는 가창오리 떼입니다. 이들이 마치 거대한 구름이 움직이듯 저녁노을과 함께 비상할

재두루미가 주남의 하늘을 아름답게 수놓고 있군요. 주남으로 날아드는 재두루미는 회색 몸에 눈 주위가 붉습니다.

양이면 고혹적이고 처연하리만큼 아름답습니다. 혼을 빼놓는 듯한 겨울의 진객 가창오리 떼는 때로 감동과 경이로 눈시울을 뜨겁게 적십니다.

재두루미와 노랑부리저어새의 우아한 자태도 빼놓을 수 없습니다. 겨울 주남을 더욱 풍요롭게 하는 재두루미는 새 중의 새로 부귀와 영광의 상징이기도 합니다. 재두루미가 춤추는 모습은 보는 이들로 하여금 선계에 있는 듯한 느낌을 갖게 합니다. 물가에서 긴 부리를 이리저리 저으며 먹이를 찾는 노랑부리저어새의 넉넉한 모습도 주남의 진풍경입니다. 멸종위기야생동식물 I급인 노랑부리저어새가 무리를 지어 월동하는 모습은 주남과 우포늪, 낙동강 하구, 천수만처럼 일부 지역에서만 관찰할 수 있답니다.

주남의 전설과 문화재 16

신령스런 음나무 | 주남을 방문한다면 창원시 동읍 신방리 칠성그린아파트 앞 신방초등학교 인근 길가에 있는 음나무 군락(천연기념물 제164호)을 찾아보셔야 합니다.

우리나라의 음나무 군락은 북한의 함경도 덕원을 제외하면 남한에서는 수령 700년 된 신방리 음나무 군락이 유일합니다. 산림학을 전공하는 사람들이 많이 찾는 지역이기도 합니다.

원래 이곳에는 음나무가 다섯 그루 있었으나 지난 1978년 8월 20일 태풍으로 한 그루가 쓰러져 지금은 네 그루가 남아 있습니다.

전해오는 말에 따르면, 옛날 중국 상인의 배가 풍랑을 만나 인근 웅천만까지 떠밀려 오게 되었는데, 그 중국 상인은 당시 중국에서도 구하기 어려운 씨앗을 몸에 지니고 있다가 본국으로 돌아가는 길에 이곳에 심은 것이 오늘날 음나무로 자랐다고 합니다.

이곳의 음나무는 높이 30미터, 둘레는 5.4미터나 된답니다.

주남의 음나무 군락. 천연기념물 제164호인 음나무 군락은 북한의 함경도 덕원의 군락지와 함께 우리나라에서 가장 큰 음나무 군락지입니다.

생이가래와 자라풀 군락. 자라풀은 잎이 매끈하고 윤기가 나는 모양이 자라 등과 닮았다 해서 자라풀이라고 부릅니다.

　　마을 사람들은 이 나무를 영목(靈木), 즉 신령스런 나무로 받들어 함부로 접근하는 일을 꺼립니다. 이 나무에 해를 끼치면 반드시 보복을 한다고 믿고 있기 때문이지요. 주민들은 이 영목의 나뭇가지를 문지방이나 대문 위에 걸어두면 집안의 잡귀를 물리친다고 하여 더러는 문지방 위에 나뭇가지를 걸어 두기도 합니다.

노힐부득과 달달박박 | 주남과 인접

한 곳인 창원시 북면 마금산 온천 가는 길에는 백월산(해발 428미터)이 있습니다. 신라 경덕왕 때인 764년 7월 이 산에 남사라는 절을 세우고 미륵존불과 아미타상을 모셨다고 하는 이곳에도 전설이 내려옵니다.

백월산 동남쪽으로 선천동이라는 마을에 노힐부득과 달달박박이라는 두 젊은이가 살고 있었습니다. 이들은 생김새가 비범하고 생각이 깊었으며 함께 중이 되어 도 닦기에 열중했습니다. 두 사람은 백월산 무등골로 들어갔는데, 달달박박은 북쪽 사자바위에 판잣집을 짓고, 노힐부득은 동쪽 바위 아래 흐르는 물 옆에 돌집을 지어 각각 불도에 정진했습니다. 3년이 지난 어느 날 밤 달달박박이 거처하는 북쪽 암자에 아리따운 낭자가 찾아와서는 하룻밤 자고 가기를 청하면서 다음과 같은 시를 읊었습니다.

갈 길 더딘데 해는 떨어져
모든 산이 어둡고 길은 막히고
마을은 멀어 인가도 아득하네
오늘은 이 암자에서 자려 하오니
자비로운 스님 노여워 마오

이에 달달박박은 "절은 깨끗해야 하는 곳이니, 그대는 어서 다른 곳으로 가시오."라며 문을 닫고 들어가 불도에 전념했습니다.

발길을 돌린 낭자는 노힐부득이 있는 암자로 가서 똑같은 청을 하며 시를 읊었어요.

첩첩산중에 날은 저물어

가도가도 아득한 땅

송죽의 그늘은 더욱 깊어 가는데

골짜기의 물소리 더욱 새로워라

자고 가길 청함은 길 잃은 탓도 아니오

스님을 성불하는 길로 인도할까 함이니

바라건데 스님께서 제 청만 들으시고

누구냐고 묻지 마오

이에 노힐부득은 깜짝 놀라서 "이곳은 여자와 함께 있을 곳이 아니나 중생을 따르는 것도 역시 보살의 덕목 중 하나인 것. 깊은 산속 밤이 어두운데 어찌 소홀히 대접할 수 있겠소." 하며 낭자를 머무르게 하고 염불에만 전념했습니다.

그런데 날이 밝을 무렵 낭자가 아이를 낳으려 하자 노힐부득은 애처로운 마음이 들어 잠자리를 마련하고 물을 데워 목욕을 시켜 주었습니다. 그러자 갑자기 목욕물에서 진한 향기가 나오며 그 목욕물이 황

주남저수지 수면 위로 목을 내놓은 연잎과 신비롭고 고운 자태를 뽐내는 연꽃. 진흙 속에서도 정결한 꽃을 피워 군자의 꽃이라고 칭송받아 온 연을 불교에서는 부처를 상징하는 식물로 여깁니다.

금빛으로 변했습니다.

　노힐부득이 크게 놀라자 낭자는 그에게도 목욕할 것을 권했어요. 노힐부득은 마지못해 옷을 벗고 목욕을 하니 갑자기 정신이 맑아지고 살결이 황금빛으로 빛나면서 옆에 연꽃 모양의 좌대가 생겨났어요. 낭자는 노힐부득에게 그 좌대에 앉기를 권하면서 말하기를, "나는 관음보살인데 스님을 도와서 최고의 진리를 깨닫게 하려 한 것입니다." 하면서 사라졌다고 해요.

　한편 달달박박은 간밤에 낭자의 유혹을 물리쳤다는 생각에 의기양양했습니다. 그래서 그는 노힐부득이 그 낭자에 의해 파계승이 되었을 것이라 믿고 비웃어줄 요량으로 노힐부득을 찾아갔습니다.

　그런데 이게 어찌된 일인가요? 노힐부득은 연화대에 올라앉아 미

주홍빛으로 물든 주남의 밤 풍경

륵존상이 되어 광명을 내뿜으며 온통 황금빛으로 변해 있었답니다. 달달박박은 자신을 찾아온 귀인을 알아보지 못하고 아름다운 여자로만 여긴 것을 후회하며, 자비로운 미륵존상이 된 노힐부득에게 자신을 이끌어줄 것을 청했습니다. 노힐부득은 자신에게 일어난 일을 자세히 이야기하고 달달박박이 남아 있는 목욕물로 몸을 닦도록 했습니다.

그러자 달달박박도 무량수불이 되었습니다. 이때 백월산 아래 사는 사람들이 앞을 다투어 와서 우러러보며 설법해 주길 청하자 두 부처는 불법을 설명하고 나서 구름을 타고 사라졌다고 합니다. 이 소식을 전해들은 경덕왕이 '남사'라는 절을 창건했는데, 지금은 절터만 남아 있습니다.

썩지 않는 통나무관 | 주남 인근에 위치한 동읍 다호리 고분군은 1988년 9월 사적 제327호로 지정된 곳입니다. 이 고분은 변한 땅에 살던 조상들의 생활상을 연구하는 데 큰 도움이 된다고 합니다.

음나무 군락이 있는 신방초등학교 앞을 지나 고개 하나를 넘으면 다호리 유적지가 나옵니다. 다호리 유적지는 삼한 시대부터 가야 시대까지 형성된 거대한 고분군으로, 삼한 시대의 통나무관이 어떻게 썩지 않고 지금까지 남아 있을까 의문스러울 정도로 통나무관이 거의 원형에 가깝게 보존되어 있었다고 합니다.

이 고분에서는 자루가 달린 쇠도끼, 부채, 붓, 토기, 칼, 무기 등 다양한 유물이 쏟아져 나왔어요. 학자들은 이 유물들을 원삼국 시대를 전후한 한국 고대사 연구의 귀중한 자료로 평가하고 있습니다. 문화재청에서는 다호리 고분군 전시관을 짓기로 예정하고, 2007년까지 150억 원의 예산을 확보한 후 2010년에는 전망대와 체험학습장, 야외시설을 완공하기로 했다고 하니 여간 다행한 일이 아닙니다.

'까치수영, 개꼬리풀'이라고도 불리는 까치수염입니다. 마치 하얀 수염처럼 꽃차례가 생기고 열매가 맺힙니다.

17

올림픽스타디움이 될 뻔한 호주 분달 습지

선진국의 습지 보전 17

분달늪은 호주 브리즈번 시 외곽에 있는 700헥타르(212만여 평)의 습지입니다. 1980년대 초까지만 해도 이 습지는 호주 사람들에게 별 관심 없이 방치된 자연 그대로의 땅이었어요. 브리즈번 시는 이 습지를 매립하고 올림픽스타디움을 지을 계획으로 1992년 올림픽을 유치하기로 결정했습니다. 그러자 환경단체와 이 지역을 사랑하는 일부 주민들이 올림픽 유치를 온몸으로 막았습니다. 아름다운 새들이 날갯짓하고, 수많은 수생식물과 곤충, 포유류와 양서류들에게 안정적인 서식지가 되는 분달늪이 하마터면 사라질 뻔했던 것입니다.

2005년 11월 람사 당사국 총회가 열린 아프리카 우간다의 수도 캄팔라 습지에서 바라본 일출입니다.

올림픽스타디움을 지을 곳은 많지만 분달늪은 새로 만들 수 없습니다. 이 습지는 자연 생태계 보전 사례를 연구하는 학생이나 학자들, 정부 및 지방자치단체로부터 모범적인 사례가 되고 있습니다.

국가별로 습지를 보호하는 정책을 살펴보면, 미국은 습지보호단체

스웨덴에서 서식하는 회색기러기. 우리나라에 매우 드물게 날아오기도 하는 겨울 철새입니다. 다른 기러기와 달리 몸 전체가 회갈색입니다.

에 기부하는 사람들에게 세금 감면 혜택을 주고, 스위스는 경관이 특별하거나 국가적으로 중요한 습지와 그 인근 지역을 법으로 보호하고 있습니다. 또 오스트리아는 개발 계획이 습지의 생태계 균형에 피해를 주지 않거나 경관에 영향을 주지 않을 때만 개발을 허가해 주고, 룩셈부르크는 호수, 습지, 갈대밭을 파괴하거나 변화시키는 행위를 금지하고 있습니다.

노르웨이 오슬로 시내를 흐르는 강에서 혹고니에게 먹이를 주고 있는 어린이들의 모습이 정겹습니다.

수없이 강조해도 지나치지 않을 말, 습지는 현재를 살고 있는 우리들만의 것이 아니라는 점을 다시 한 번 강조해야겠습니다. 우리에게는 후손들에게 때 묻지 않는 원시 모습 그대로의 자연을 물려줘야 할 의무가 있습니다.

18

위대한 비상을 위하여

새로운 만남을 기다림 18

농업용수를 공급하기 위해 생겨난 저수지, 하나 둘 새가 날아들고 온갖 생물들이 터를 잡아 사는 곳, 개발과 오염으로 다시 그 생명력이 퇴색되어 가고 있던 곳. 이곳 주남저수지가 옛 명성을 다시 찾아가고 있습니다. 주변 환경이 나빠지고 수질이 오염되면서 개체 수가 줄어들었던 겨울 철새들이 2006년 11월 들어 60여 종 3만 3000여 마리가 월동하고 있는 것으로 조사되었습니다.

인간이 그들의 서식 환경을 크게 개선해 주거나 배려한 것도 아닌데, 북녘의 진객들이 무리 지어 날아온 것이 한없이 고맙기만 합니다. 주남 생태학습관에서는 노랑부리저어새, 재두루미, 큰고니, 개리, 쇠부엉이 등 천연기념물 철새 다섯 마리가 한꺼번에 사진 한 컷에 포착된 일은 국내에서 그 유래를 찾을 수 없을 것이라고 단언합니다.

2006년 11월 17일 오후 4시 30분. 주남저수지 전망대 부근 수면과

물 위를 박차고 오르는 고니의 비상이 생동감을 더해 줍니다. 고니에게 수면은 활주로인 셈이지요.

01 흰뺨검둥오리들이 수면 위로 착지하는 순간입니다. 파닥거리는 소리가 들리는 듯합니다.
02 고방오리는 꽁지깃이 길게 뻗어 있는 것이 특색입니다.
03 다른 오리 종류에 비해 목이 길고 먹이를 챌 땐 물 위에서 물구나무를 선 채로 잡아먹습니다.

둑 너머 논밭에는 고방오리며 쇠오리, 큰부리큰기러기, 흰뺨검둥오리들의 노랫소리가 웅장한 하모니를 이루고 있었습니다. 마치 태초의 땅임을 선포하려는 듯했지요.

    가창오리 떼가 비상하는 장엄한 광경을 보기 위해 경향 각지의 철새 탐조객들이 저마다 긴 망원렌즈를 단 카메라와 스쿠퍼(망원경)를 설치하고 기다리고 있었습니다. 신비한 자연의 조화를 목도하려면 기다림은 필수입니다. 추위와 맞서 물러남이 없어야 하고, 평생에 한 번일지도 모를 위대한 비상을 가슴에 고스란히 담기 위해서는 기도하는 마음이 따라야 합니다.

여유로운 오후. 저수지 한가운데서 휴식을 취하는 가창오리입니다.

그날 따라 무척 추운 날씨였습니다. 저수지 중앙에는 천연기념물인 재두루미와 큰고니, 가창오리, 대백로, 왜가리를 비롯한 무수한 종류의 새들이 먹이를 찾고 사랑의 몸짓을 하며 한가로이 노닐고 있었습니다.

그곳에 모인 사람들은 가창오리의 비상이 임박하고 있다는 생태 전문가의 설명을 듣고 기대감에 부풀어 올랐습니다. 어릴 적 소풍 가는 기분, 명절이 찾아오는 즐거움, 사랑하는 연인과 만나는 설렘, 오랜 친구와 재회하는 기쁨과 비교할 때 결코 부족하지 않았지요.

5시 35분. 가창오리 2만여 마리가 서서히 몸 풀기를 시작했습니다. 낮엔 물 위에서 잠을 자고, 밤에 활동하는 야행성 조류라 해질녘 때 지

왜가리는 수컷이 재료를 나르면 암컷이 둥지를 트는데, 암수가 번갈아가면서 알을 품는 습성이 있습니다. 눈에서 뒷머리까지는 댕기처럼 검은 줄이 이어져 있지요.

이제 막 비상을 시작하는 가창오리 떼. 먹이 사냥을 나서기 전 몸 풀기를 하는 모습이기도 하지요.

어 비행하는 것입니다. 먹이 활동을 나가기 전 기지개를 켜는 셈이지요.

첫 몸짓은 부드럽습니다. 먼지가 바람 따라 좌우로 조금씩 이동하는 것처럼 보입니다. 왼쪽으로 옮겨 갔다가 다시 오른쪽으로 옮기며 날아오르기 위해 몸을 풉니다.

우리 민족 고유의 심신 수련법인 국선도에서는 잠자리에서 일어날 때 잡자기 일어나지 말 것을 권합니다. 먼저 기지개를 켜고 몸을 좌우로 조금씩 움직였다가 서서히 일어나도록 하지요. 가창오리의 동작

하나하나는 마치 국선도에서 일어날 때의 동작이 그대로 적용된 듯 보였습니다.

좌우로 옮겨 다니기를 서너 차례. 검은 도포 자락이 하늘을 뒤덮는 듯, 해일이 밀려오는 듯, 토네이도를 일으키는 듯, 먹구름이 일렁이는 듯, 거대한 유령이 떠다니는 듯 새들의 비상이 시작됩니다. 그것은 자연이 주는 위대한 의식입니다. 무용이나 연극으로 연출해 낼 수도, 음악이나 그림으로 표현할 수도, 시(詩)로도 그릴 수 없는 위대한 비상입니다.

마치 사람의 혼을 빼놓기라도 하려는 것처럼, 성스러운 자연이 무엇인지를 보여 주는 그 광경은 생명의 신비가 얼마나 지고지순한 것인지를 깨닫게 합니다.

비상을 마친 새들은 김해평야나 낙동강 하구 쪽으로 날아갑니다. 생태학습관 위 10미터 높이의 상공으로 날아가면서 서걱서걱 내는 소리가 심금을 울립니다. 평생에 이런 경험을 다시 할 수 있을까 생각해 봅니다.

가창오리들이 잠에서 깨어 먹이를 찾아 날아가기까지 10여 분. 인간이 도달할 수 없는 때 묻지 않은 원시의 땅에 와 있는 듯한 착각마저 듭니다. 그것은 자연이 인간에게 선사하는 경이로운 순간이었습니다.

19

영혼을 깨우고, 시를 그리고…

주남, 시로 노래하다 19

하늘을 뒤덮는 가창오리 떼. 거대한 파도가 밀려오듯, 구름이 하늘을 뒤덮는 듯 그들의 군무는 겨울 주남에 온기를 불어넣습니다.

주남저수지

주남저수지에는 철새들이 연착륙 할 수 있는 활주로가 있다. 활주로가 없이도 수직으로 나는 놈도 있다. 청둥오리, 고니, 기러기들이 활주로를 박차고 오를 때마다 물안개들이 몸을 낮춘다.

새벽이면 자유행으로 단련된 식성 좋은 떡붕어들이 어제 밤에 삼킨 달을 토하고, 저수지 아랫목에 노숙해 있던 수초들이 이빨을 닦는다. 학원 버스에 실려 온 아이들은 관제탑 같은 탐조 전망대에 올라 망원경 하나씩 붙잡고 새들과 수화를 한다.

물이 물의 뼈와 물의 살로 빚는 물의 다세대주택, 천년을 동거해도 소유권 시비가 없는 아름다운 생명들의 따뜻한 이부자락 주남저수지.

평생 날개 하나 달지 못하고 생애의 이륙 한 번 꿈꾸지 못한 갈대들이 오늘은 너의 활주로에 시린 발을 내리는 새들의 하강을 안내한다.

_이광석

물새 날다

걷고 있었다.

물웅덩이에서 물새 두 마리 푸드덕 날아올랐다.

내가 놀라기 일초 전에 그들은 이미 위험을 감지한 것이다.

내가 놀란 것은 그 일초 뒤였다.

아득히 시간너머로 나는 물새 두 마리

(주남저수지로 날아가고 있다.)

물을 박차고 난 물새 두 마리가 저수지 물 속을 비행하고 있다.

나는 깊은 수심에 잠겨 하늘을 올려다보고 있다.

_김승강

주남 왜가리

수면을 차고 날아가는

왜가리의 발목은 위대하다

긴목은 허공에 잠겨있고

발은 한없이 지상에 늘어뜨린채

생각할 수 있는 삶을

발목만을 몇컷의 풍경으로 남기고

갈 수 없는

왜가리의 울음은 위대하다

날아가면서 물위에도 허공에도

긴 발목을 뻗어 난(蘭)을 친다

날개가 부드럽게 허공을 밀고 갈 때마다

그림이 수묵(水墨)으로 번진다

왜가리는 툭, 터진 허공속으로

유유히 사라졌지만

물위에는 아직 난초들이 피어 어른거린다

기다림으로 목이 길어 긴

서러운 저 난초들

그때 그녀가 다 보인다

_ 박서영

주남저수지에서

아무도 주저앉은 그녀의 길 묻지 않는다

아무도 그녀의 잃은 혈족 묻지 않는다

동짓달 깃드는 새들만이

그녀를 읽고 갔을 뿐

외딴집, 노랑어리 그림자 물 속에 지고

물버들 잎새 잠든 내일의 골목 끝

추위가 발등을 감아오르면

그때 그녀

훤히 보인다

_문희숙

:: 에필로그

뭇 생명들을 위한 성소(聖所)를 만들자

고요함은 천지(天地)의 근본이라 했던가요. 해질녘 새들이 한가롭게 노닐고 수면 위로 살포시 노을이 내려앉으면, 주남저수지는 아득한 원시의 모습으로 돌아갑니다.

탐험가들이 세계의 지붕, 히말라야를 원정하기 전까지는 네팔의 셰르파(Sherpa)를 비롯한 고산족 사람들은 산 정상에 오르려고 하지 않았다고 합니다. 산 정상은 신들의 처소로 여겼기 때문이지요. 네팔 정부는 지금도 이 신성한 공간 일부라도 보존하기 위해 등반가들에게 마차푸차레(Machapuchare) 봉우리 등반을 허락하지 않고 있습니다.

지구상에 신성불가침한 영역이 있다는 사실이 놀랍기만 합니다. 우리나라에도 사람들의 발길을 허용하지 않는 성스러운 땅이 있으면 얼마나 좋을까요. 그래서 고산이 없는 우리로서는 원시 숨결을 간직한 창녕 우포늪과 자연 생태계의 보고인 창원의 주남저수지 두 곳(2008년 람사협약 당사국 총회 개최지)을 성소(聖所)로 선포하면 어떨까 생각해 봅니다.

그리하여 수면과 반경 1킬로미터 이내의 땅을 사람이 아닌 뭇 생명들에게 내준다면 우리는 그보다 더한 꿈을 얻게 될 것입니다.

드넓은 저수지를 바라다보고 있노라면, 모든 것은 다른 존재가 살아 있음으로 해서 살아갈 수 있고 생명체는 서로 연결된다는 것을 깨닫게 됩니다. 1800년대 인디언 추장 시애틀은 미국 정부를 향한 연설문에서 "땅이 인간에 속한 것이 아니라 인간이 땅에 속해 있으며, 사람은 생명의 망을 짜는 것이 아니라 단지 그 구성의 일부인 한 가닥에 지나지 않는다."라고 했습니다.

자연은 사람들만의 것은 아닙니다. 이 땅에 조류와 포유류, 양서류와 파충류, 그리고 무수한 곤충들이 안심하고 머물 수 있는 공간이 과연 얼마나 될까요? 현재를 살아가는 인간에게는 다른 생명에게 최소한의 자리를 내줄 줄 아는 아량이 절실히 필요합니다. 우리는 그동안 자연을 함부로 대해 왔습니다. 자연이 마치 인간을 위해 존재하는 것처럼 착각하면서 살아온 것입니다. 이제 우리가 진정으로 자연에게 미안한 마음을 갖고 뉘우치며 그들과 화해하기 위해서는 그들을 존중하고 사랑해야 합니다.

　모든 생명체에는 영혼이 스며 있습니다. 우리가 자연에 대한 외경심을 품지 않은 채 물과 땅을 오염시키고 파헤치는 행위를 멈추지 않는다면, 주남 하늘에서 가창오리가 무리 지어 춤추거나 물잠자리며 왕오색나비가 비상하는 광경을 더 이상 볼 수 없을 것입니다. 순채와 가시연 같은 멸종 위기에 놓인 식물들을 관찰하는 일조차 전설이 되고 말 테고요. 자연은 그것을 지키고 보전할 때 그 아름다움을 뽐내면서 우리와 공존할 수 있고, 우리 후손들에게도 그대로의 모습을 보여줄 것입니다.

　인간이 자연을 그리워하는 것은 근원적인 문제입니다. 우리들의 주남이 아름다워지면 더불어 우리도 행복해질 것입니다.

2006년 12월

강병국

:: 찾아보기

ㄱ

가래 51
가물치 75, 80
가시연 11, 15, 45~47, 50, 123, 124, 128, 129
가창오리 14, 17, 33, 37, 94, 97, 111, 123, 124, 130, 131, 149, 150, 152~155
각시물자라 70
각시붕어 75
갈대 12, 15, 38, 50, 59, 75, 124
개개비 58, 59
개구리밥 50, 125, 129
개리 17, 33, 38, 147
개망초 50, 66, 71
개솔새 50
거꾸로여덟팔나비 66
검독수리 31, 33, 97
검은물잠자리 61, 62
고니 17, 33, 37, 97, 117, 147

고라니 33
고방오리 149
고양이 83, 89
고추나무 66
고추잠자리 61, 64, 65
골든트라이앵글 4
국화하늘소 71
귀뚜라미 130
귀이빨대칭이 86
긴꼬리투구새우 86
긴몰개 75
까치살무사 87
까치수염 141
깝짝도요 22
꺽지 75, 78, 80
꼬까도요 23
꼬리명주나비 66
꼬마물떼새 36
꼬마줄물방개 71
꽃하늘소 71

ㄴ

나나니 71
나도겨풀 50
나비잠자리 65
남색초원하늘소 71
납자루 76
냉이 47
넓적부리 33, 114
노란띠하늘소 71
노랑배수중다리꽃등에 72
노랑부리저어새 17, 19, 31~33,
　　　35, 117, 124, 131, 147
노랑어리연꽃 15, 48, 50, 123
노랑허리잠자리 61, 65
노힐부득 135, 136, 138, 139
논우렁이 105
늑대거미 35

ㄷ

다호리 유적지 140
달달박박 135, 138, 139
대암산 용늪 25

도요새 20, 23, 111, 117
독수리 33, 40, 43, 97
돌고기 75, 78, 79
돌나물 50
동박새 36
두꺼비 84
두더지 83
두루미 17, 31, 35, 111
드렁허리 77
등검은실잠자리 61
딱새 114
땅강아지 73
띠 50

ㅁ

마디풀 50
마름 15, 47, 50, 129
마차푸차레 160
말똥가리 33, 40~42, 83, 97, 98
말매미 72
망초 50
매 31, 36, 83, 97

메기 75, 80

메추라기도요 22

멧돼지 83

며느리배꼽 50

목도리도요 21

무늬수중다리좀벌 71

무늬자루맵시벌 73

무당벌레 73

물방개 70

물뱀 35

물수리 33, 40, 43, 97

물수세미 47, 50

물안개 124, 130, 156

물억새 50, 59

물옥잠 129

물자라 70

물피 50

미꾸리 75

민물도요 20

밀어 75

밀잠자리 61, 62

ㅂ

박새 36

반딧불이 130

방울뱀 88

방울벌레 130

배스 77, 81, 86, 102, 115

백조어 75

뱀장어 75, 80

버들붕어 75, 76

벌교 갯벌 25

벼메뚜기 72

부들 29

부채장수잠자리 61

부처사촌나비 66

부추꽃 67

분달늪 115, 143

붉은머리오목눈이 42, 59

붕어 75, 76, 80, 81

붕어마름 50

블루길 77, 81, 86, 102, 115

뻐꾸기 42

삑삑도요 22

ㅅ

사마귀풀 49

사향제비나비 66

산줄각시하늘소 71

삵 83, 86, 89

생이가래 15, 50, 51, 129, 134

세가락도요 20

소금쟁이

송사리 75, 80

송장헤엄치게 70

쇠기러기 31, 33, 34, 116, 117

쇠뜨기 50

쇠물닭 104

쇠별꽃 50

쇠부엉이 39

쇠오리 29

쇠측범잠자리 61

쇠치기풀 50

쇠황조롱이 40, 41

수수미꾸리 75, 79, 80

수양버들 123~125

순채 45, 46

순천만 갯벌 25

숭어 75

쉬땅나무 66

쉬리 75, 77

싸리냉이 50

쌕쌔기 130

쑥 50

쑥부쟁이 50

ㅇ

아나콘다 88

아시아실잠자리 61, 62

알락도요 23

알락하늘소 71

암끝검은표범나비 66, 68

애기좀잠자리 61, 62

얇은잎고광나무 66

어리연꽃 128, 129

어리호박벌 71

억새 50, 56~59

엉겅퀴 66

여뀌 49, 50

연 49, 137

연어 75, 77

왕고들빼기 50

왕버들 50, 75, 123~125

왕오색나비 66

왕잠자리 61

왜가리 151

우리목하늘소 71

웅어 75

은어 77

음나무 군락 133, 140

인동 50

일몰 123, 130

일출 123, 130, 143

잉어 75, 81

ㅈ

자라풀 11, 49, 53, 134

자운영 123, 124

작은멋쟁이나비 66, 67

장님뱀 88

장다리물떼새 112

장도 습지 25

재두루미 17, 18, 33, 37, 111, 117, 124, 131, 147, 150

제비 43

조롱이 39

좀개구리밥 50

좀도요 20, 21

주남돌다리 123~125, 129

주천강 14, 59, 75, 123~125

줄 15, 47, 50, 59, 75

줄장지뱀 89

줄점팔랑나비 61

중국청람색잎벌레 73

쥐방울덩굴 50, 66

지칭개 50

직박구리 43

집박쥐 83

ㅊ

참개구리 84

참나무하늘소 71

참몰개 75, 80

참붕어 75, 79

참수리 31, 35, 97

창녕 우포늪 25, 160

창포 50, 59, 75

청개구리 85

청설모 83, 86, 87

칠성무당벌레 73

ㅋ

칼납자루 75

코스모스 70

큰고니 33, 34, 37, 117, 147, 150

큰기러기 33, 38, 117

큰덤불해오라기 33, 38

큰등줄실잠자리 61

ㅌ

탁란 42, 78

털두꺼비하늘소 71

토끼풀 70

ㅍ

푸른부전나비 66, 67

피라미 75, 80

ㅎ

해오라기 40

호리병벌 71

혹고니 31, 35, 39, 117, 145

환경올림픽 25

황새 17, 18, 31, 36

황오색나비 66

황조롱이 32

회색기러기 144

흑두루미 33, 37, 111

흰꼬리수리 31, 36, 83, 97, 98

흰뺨검둥오리 25, 117, 149

흰이마기러기 33, 34, 38

흰죽지수리 33, 40, 41, 43, 97

흰줄납줄개 75